U0222577

蓝领理财日记

LANLING
LICAI RIJI

魏民 编著

北京工业大学出版社

图书在版编目（CIP）数据

蓝领理财日记 / 魏民编著 . —北京：北京工业大学
出版社，2012.7

ISBN 978-7-5639-3144-6

Ⅰ .①蓝… Ⅱ .①魏… Ⅲ .①财务管理—通俗读物
Ⅳ .① TS976.15-49

中国版本图书馆 CIP 数据核字（2012）第 136164 号

蓝领理财日记

编　　著：	魏　民
责任编辑：	杜曼丽
封面设计：	尚世视觉
出版发行：	北京工业大学出版社
	（北京市朝阳区平乐园 100 号　100124）
	010-67391722（传真）bgdcbs@sina.com
出 版 人：	郝　勇
经销单位：	全国各地新华书店
承印单位：	三河市元兴印务有限公司
开　　本：	787 mm × 1092 mm　1/16
印　　张：	19
字　　数：	251 千字
版　　次：	2012 年 8 月第 1 版
印　　次：	2021 年 1 月第 2 次印刷
标准书号：	ISBN 978-7-5639-3144-6
定　　价：	35.00 元

中国蓝领群体规模仍在扩大，这已是不争的事实。这个群体包括：建筑工人、钢铁工人、纺织工人、家电制造厂工人、水电管道维修工人、装修工人、卡车司机、高级技术工人、推销员与售货员、出租车司机、物流运输工人、厨艺人员、农民工，等等。

然而，值得注意的是，就是这样一个不断扩大中的社会群体，其社会形象却被有意无意地淡化了。人们不讨论蓝领话题，媒体少有蓝领话语，各级政府的话语体系中也很少提及蓝领字眼，蓝领群体自身也羞于提及自己的蓝领身份。显然，这是一种社会偏见。

偏见来源于脱离实际的盲目推理和错误判断。要尽量减少对蓝领的偏见，减轻蓝领的生存苦恼，最有效的办法就是提供具有现实意义的蓝领理财方案，帮助蓝领提高理财能力与理财质量。这是《蓝领理财日记》之所以出版的初衷和愿望。

事实上，对于如何理财，蓝领人士完全不需要看那些枯燥无味的经营理念与文字，蓝领亲眼看到自己亲身经历的事实最真实，也最有价值。《蓝领理财日记》要撕开虚伪的面具，挑战某些敏感神经，展示赤裸裸的蓝领理财规则给大家看。作者希望用他的文字，真实反映这群生存在蓝领天空下的人们的生存状态，全面给出他们理财致富的途径和方法，并希望得到同样的共鸣和慰藉。其实，作者也是中国当下数以千万蓝领中的一员。

目录

■投资篇

投资有道，才有财生 ······················· 77

■创业篇

■ 婚育篇

■ 养老篇

准备篇 叩开理财之门

　　对于很多中低收入阶层的蓝领而言，手中可供支配的闲钱并不多。他们常挂在嘴边的一句话是："我没钱，拿什么理财啊？"其实，从没钱到有钱是一个过程，合理地分配收入，通过某些方面的投资获得工资以外的收益，这就是理财。理财要有合理的方式和方法。只有用合理的方式和方法，才能叩开理财之门。

清楚自己的财务状况

    随着物质财富的不断积累，作为社会庞大群体的蓝领阶层，每个人都认识到理财规划的重要性，但又有很多人在为如何制订理财规划发愁。如果真的不知道怎么制订理财规划，那就从了解自家财务状况开始吧！

    对一个蓝领及其家庭来说，了解自家的财务状况是理财的基础。有些人在消费时总是犹豫不决，不知道这钱该不该花，是不是超出了自己的消费能力；有些人只知道自己的财务状况，却不知道怎样对自家财务进行优化；有些人可能连自己有多少财产都稀里糊涂。所谓"知己知彼，百战不殆"，只有摸清了自己的家底，才能"对症下药"，明确自己的理财需求和目标。

理财案例

    姓名：郑强

    年龄：28 岁

    职业：技术员

    月薪：3500 元

3月16日，多云转晴。

今天是3月16日，我把自己这段时间以来的一些理财想法告诉妻子，和她商量这些理财想法是不是可行。什么理财想法呢？还是从头说起吧。

我和妻子是2010年结婚的。结婚那年妻子24岁，在北京某超市做保洁工，年收入2.5万元。我在一家工厂做技术员。2011年8月中旬新添了一个可爱的小宝宝，儿子的到来让我们对工作和生活多了很多期盼，同时也感觉到了生活的压力。

几年辛苦工作下来，我只积攒了11.9万元，全都小心翼翼地存放在银行里。除去交5年的社保费，个人账户只剩下1万多元。除此以外，我家没有任何其他的投资和收入来源。而现在生活支出和赡养双方父母以及充电学习等支出，每年已高达7.5万元。

自从有了孩子以后，我就开始思考把家安在哪里的事情，考虑到北京现在的房价太高，于是，我就在房价较低的黑龙江老家买了一套房子安家，过些年也许会考虑回老家创业，并和父母一起生活。在老家买的那套房子价值15万元，首付为三成为5万元，贷款总额10万元，贷款期为15年，采用等额本息还贷法还贷。

一买完房子，手中剩下的余钱不多，孩子一天天在长大，花销越来越大，我有些犯愁。

另外，我想在近两年进修英语，以加强自身在单位的竞争能力，需要在英语学习上的投入每年约1万元。我还想买一份保险，害怕自己万一有什么事情的时候，父母妻儿得不到照顾。

我也希望自己的孩子在身边成长，两年后可以在北京上幼儿园。我想在6年当中，如果在北京升职加薪不顺利，可能会考虑回家乡黑龙江创业，希望到时可以准备有一笔创业金。

我的父母年纪不小了，也没医疗保险，万一得了大病，到时候手里又没钱，该怎么办呀。我想为父母准备一些钱。

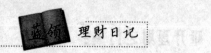

妻子一贯通情达理，很支持我。我俩的意见是一致的，希望通过我们自己的努力，可以实现我们的人生目标，让亲人得到相应的照顾，让自己的孩子受到良好的教育。

妻子说："这些年来，我知道你是个努力上进、有责任心、有爱心、有孝心的男人。你这些打算，我全力支持！"

我对妻子说："亲爱的，让我们一起努力吧！"

她微笑着，把头靠在我的胸前……

专家建议

郑强家庭目前投资理财的渠道非常单一，只选择了最保守稳健的银行存款方式，收益低，资金没有得到很好的利用。建议郑强在买完房以后，将剩余的存款作如下安排：

先将两个月的家庭生活费用留出来，作为家庭备用金，以应对突发事件和生活开支。可采用存取方便但利率稍高于活期利率的货币基金方式存款。由于剩余现金不多，而需要安排的事情却很多，建议郑强先买一份纯保障型的定期寿险，附上重大疾病保险和意外保险，这样保费低，保障高。

建议郑强和妻子养成先存钱后花钱的习惯。每月可先强制性存款1000元，余下的钱再用作生活开支，以保证每月有结余。同时，养成每天记生活开支账的好习惯，看看有哪些不必要的开支可以节省。另外，郑强和妻子应该想办法提高个人工作能力，以增加工资收入或其他收入。目前郑强每年都有增加工资的可能，一旦增加工资，就会增加家庭收支结余。

郑强要积极参加社会保险和商业保险，提高家庭抗风险能力。目前市场上的保险产品很多，郑强要选择最适合自己的险种投保。尤其注意给家庭买一份纯保障型的定期寿险和附加意外伤害险。再买一份郑强小孩的生病和意外保险。由于妻子还年轻，可以先买一份附加意外住院费用医疗保险。

还有一个建议，就是基金定期投资，这可以为宝宝积累教育资金。郑强夫妇可以先每月定期投资 500 元，做一个指数型基金，为子女教育规划作准备，以便日后孩子上学需要资金时不会造成大的资金支出，也可做一个强制性储蓄。进行基金定投时选择合适的基金和合适的定投渠道很重要。

理财必知

搞清楚自己的财务状况，主要是将自身的资产按照有关的类别进行全面盘点，目的是针对具体情况作出理财规划。不过，要真正摸清自己的家底，并不像搞清楚银行存款数量这么简单，也不仅仅是每天记账就能理清头绪，需要运用以下理财策略进行。

第一，资产结构是否合理

首先，分别列出家庭资产和负债。资产是指你拥有所有权的各类财富，可以分为金融资产和实物资产两类，诸如银行存款、债券、传统保险、投资型保险、基金、股票，房产、汽车，等等。用家庭资产减去负债算出家庭的净资产，净资产才是你真正拥有的财产价值。

但是，净资产规模大并不意味着资产结构完全合理，甚至可能不是一件好事。如果净资产占总资产比率过大，就说明还没有充分利用其应债能力去支配更多的资产，其资产结构仍有进一步优化的空间。

对于净资产占总资产比率较低的人来说，应采取扩大储蓄投资的方式提高净资产比率。而那些净资产接近零甚至为负值的蓝领阶层，如何尽快提高资产流动性并偿还债务才是当务之急。

第二，拥有提高净资产的能力

列出一年中收入和支出的明细，用年结余除以年收入，计算出年结余比率，这样就可以知道你资产的比率是多少，为了增加净资产，就要作一个合理的规划。

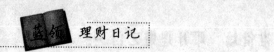

一般来讲，10%是结余比率的重要参考值。如果这个比率较大，说明财富累积速度较快，在资金安排方面还有很大的余地。如果这个比率较小，则要从收入和支出两个方面进行衡量，是收入太低？还是支出太高？收入太低就需要想办法开源，支出过高就得节流。

第三，衡量财务安全度

为了进一步搞清自家的财务状况，一些数据对财务状况分析也很重要。

比如清偿比率，从这个数据能够看出偿债能力如何，资产负债情况是否安全。这个比率一般应该保持在50%以上，如果远远超过了50%的标准，一方面说明家庭的资产负债情况极其安全；另一方面也说明家庭还可以更好地利用杠杆效应，以提高资产的整体收益率。

负债与收入比率可以反映出短期债务清偿是否有保障，这个比率一般保持在40%比较合适。

搞清投资资产与净资产的比率，主要是了解目前的投资程度，这个值不宜过高，过低也不合适，按照经验测算，一般在50%左右比较合适。

至于流动性比率，如果收入稳定，流动性比率可以小点，假如收入不稳定，或者不可预料的支出很多，那么应该保持较高的流动性比率。一般情况下，应该保证流动性资产最少能支付3至6个月的支出。

做完上述工作，还需要对未来的收入以及支出情况进行预测，这样综合起来，就对自己的财务状况有了一个比较清楚的认识，同时也可以针对财务结构上的不足进行优化。

了解自己的风险偏好

风险偏好是指对风险高低的接受程度，一般而言，人们根据各自的特点，在理财时或选择风险较大的理财项目，如期货、股票；或选择稳健型、风险性较小的理财项目，如国债、银行存款。总之，在理财投资前，必须先进行定位，明确自己的风险偏好属于哪种类型。

在通胀、加息、负利率等复杂多变的环境下，货币面临贬值，想搞投资对于蓝领而言，多少会有风险。因此，低风险偏好的蓝领阶层应该选择更为保险的理财模式。

理财案例

姓名：周畅

性别：女

年龄：29 岁

职业：家装设计师

月薪：4500 元

3月18日，小雨。

今天是3月18日，新一年的工作和生活已经开始，在这新的一年里，我应该为自己的理财作进一步规划。

我和男友大学毕业后都到深圳闯荡5年了，我和男友从事家装设计工作。我现在每月收入4500元，男友收入5000元，两人的工作都很稳定。曾在广州投资购买的小房子，每月为我们带来750元租金收入，这样，现在我们两人的月收入总数，一共有10250元。

在深圳，我们两人没有自住房，每月的房屋租金需要花费1500元，基本生活开销2000元，其他娱乐休闲类花销2000元。我们两人工作刚起步时，几乎没有娱乐休闲花销，现在收入多了，花费也跟着上去了。考虑到两人每月投入2000元做基金定投，所以实际月结余只有2750元，全部存入银行，为定期储蓄。

目前的工作、经济情况让我的男友有了创业打算，正在和几个同行朋友沟通中，大家可能会合伙开个公司。如果男友真的创业，我本人也可能会辞掉工作一起帮忙。

在年度支出方面，我们除了过春节时给双方父母寄去1万元的孝敬费外，每年还需要支付1000元保险费。我和男友都有深圳的社保，但在商业保险方面比较薄弱，有一次我接到一个保单销售电话，觉得还不错就投保了，被保险人是我自己。

在保险方面，我们现在只有社保和一份意外险，我觉得还不够，还想买点商业保险，但是花很多钱买商业保险又不太现实。

我们都希望生活可以稳定一些，结婚后一两年我们就会要宝宝，毕竟我已经快30岁了，所以购房也是为孩子将来考虑。因为经济条件有限，我们大概会考虑买两居室的房子，所以如何筹集首付、装修等费用是我们的第一个问题。

　　至于创业，开始的时候，我们估计大约需要 20 万元的初始费用，现在看来可能不需要那么多了。因为我们想偏重考虑装修技术上的工作，而资金部分则由朋友多出一些。

　　你看，我们是不是独立、自主、有梦想的一代？我们的理财计划是不是目标明确，思路清晰，未雨绸缪？

专家建议

　　周畅和她男朋友两人 5 年以来的稳定工作，较为合理的收支，形成了健康的家庭资产状况。家庭月度开销为 5500 元，占每月收入的 53%，比较适中。由于小房子的房款已经付清，因此没有任何月供压力。显示了这个"80 后"的家庭流动性较好。

　　周畅家庭处于家庭形成期，在这一时期内，家庭支出会逐渐增加，故需要家庭收入也能通过多种途径得以增长。周畅家庭当前主要考虑的应该是置业、增加投资收益及为重大支出积累资金。

　　首先，分析周畅家庭的各项财务指标，观察家庭现有的财务状况，评估各项指标是否处于理想的经验数值范围之内。

　　一是资产结构分析。周畅的小房子地处广州，具有升值潜力，为适时售出以购买二居室作准备。因此，固定资产占有相当大的比例，资产结构较为合理。

　　二是负债结构分析。周畅负债比率为零，资产非常充裕，但资金利用率不足。

　　三是现金流量分析。工作收入占总收入的 93%，可见家庭收入主要依靠工薪收入。支出则以生活支出为主，只有基金定投。储蓄率相应较高。

　　四是综合分析。尽管周畅家庭储蓄率较高，但是资金的投资报酬率太低，家庭缺乏多样化的投资性收入，定期存款占家庭总资产的 26.83%，基金定投占收入的 19.51%，只此两项投资，说明家庭投资比较单一。

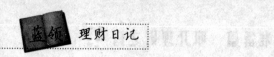

考虑到周畅家庭属于成长阶段，可以在不降低生活品质的前提下，通过适当借款以进一步优化家庭资产结构，降低净资产比率。目前，流动性资产比例较高，紧急预备金只需预留出大约为 3 至 6 倍的家庭月支出额即可。

虽然周畅和男友 5 年以来的积累已经初见成效，但是距离她自己的购房、结婚和生子的计划尚有一段距离，需要更合理地进行家庭资产配置，以便实现确定的置家各项目标。

首先是房子，只要有了房子，未来一切的发展才算是有了起点。

由于周畅现在工作、生活在深圳，而所拥有的房产在广州，既不在自己的生活区，房屋的租售比又高于一般标准，因此建议将广州将房子出售，换为流动性资产用于重新分配。按照周畅现在的家庭情况完全可以借助银行力量，购买一套 80 万元的两居室，首付两成即 16 万元，贷款总额为 64 万元，但其中公积金贷款最多可贷款 30 万元，商业贷款仅需 34 万元，贷款 30 年，月供 1654 元。

这样的还款压力对于周畅不是太大，而且还款额也没有超过总收入太多，基本上符合量力而行的准则。此外，鉴于周畅男友将要创业，收入将会不太稳定，故建议以周畅的名义贷款，以有效保持正常的公积金还款以及商业还款。

面对创业，周畅家庭同样存在着经验不足、资金短缺的问题。当然，周畅男友的"技术入股"已经大大降低了资金缺口，剩余缺口可以部分动用已有的流动性资产。

另外，结婚费用相对弹性较大，在周畅和她男友现阶段收入可能会出现波动的情况下，建议结婚仪式从简，节省费用用于蜜月旅行或支付房款。子女基金则可以搞基金定投，并将其作为一个中长期投资。

在家庭保险方面，仅仅拥有社保和意外保险显然不够，而且周畅对于自己所购买的保险产品也并不十分了解。因此，周畅在选择保险产品时，应优先考虑保障型产品。

针对周畅的具体情况，理财建议如下：

首先，从总收入中预留出 3 个月左右的生活支出额，也就是 1.65 万元左右以备突然性支出，这部分钱可以采用货币基金的形式留出。

其次，调整周畅家庭的资产负债结构，出售广州房产所得到的 11 万元现金加上原有活期存款中的 5 万元用于支付深圳房首付，其余部分则变成负债。

由于周畅家庭原有投资的收益率太低，所以，建议周畅调整投资组合，将备用金以外的银行存款投资于银行理财、基金、黄金以及保险保障等理财项目。

目前已有的 5 年期定期存款以及每月 2000 元的基金定投可以继续保持。由于股票投资相对专业，需要花费较多的时间和精力，而且风险太大，所以不建议周畅参与。

周畅的投资还是侧重于银行理财型产品以及基金组合配置。其中 10 万元用于购买期限为 3 个月至半年的稳健型理财产品，为以后创业做资金准备；8 万元用于购买一年期稳健型银行理财产品，不仅可以获得高于银行定期存款利率的收益，还可以在到期之后直接用于婚庆蜜月资金。

周畅的剩余资金可以根据自己的风险偏好，全面配置风险较低的平衡型基金以及债券型基金，搭建一个具有个人特色的基金组合。在基金选择方面，可以选择一些以往业绩优良的、公司实力雄厚的基金。

在保险方面，建议周畅首先弄清楚自己之前所购买的保险到底具有哪些保障功能。除此以外，周畅和男友还需要购买重大疾病保险，以应对重大疾病高医疗费用的风险。

至于在组成家庭之后，可以再逐步考虑寿险产品。保额以两人年收入的 10 倍左右为宜。

另外，建议周畅可以合理地使用信用卡，利用财务杠杆，提高家庭短

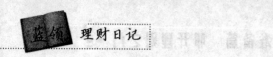

期负债比例，一方面可以增加现金使用率，另一方面也可以利用信用卡账单更好地管理生活消费。

理财必知

正确地评估出自己的风险偏好，不仅是明确投资目标的前提，更是了解自己的风险承受能力所必需的。如何才能正确评估自己的风险偏好呢？以下三个方法可以借鉴。

第一，考虑个人情况

首先要考虑自己的个人情况，有没有成家，有没有需供养的人口，支出占收入多大比例。如果已有一个孩子，仍然进行高风险投资，只能说明自己对家庭理财没有清醒的认识，因为家庭负担已经不轻了。

第二，考虑投资趋向

比如自己在股票方面非常在行，对投资股票非常有兴趣，就可以考虑投资股票。

第三，考虑性格取向

不同性格的人在面对一些事情的时候，会做出截然不同的选择。性格会决定人们在理财过程中产生不同的理财行为。

了解自己承受风险的能力

要实现快乐理财，首先要了解自己的风险承受能力。理财的最大风险是不认识风险，因此在选择具体的投资产品时，在对自身风险属性及投资产品的风险范围有一定了解的基础上，再考虑自己的投资需求和投资目标。

风险承受能力是指一个人有多大能力承担风险，也就是能承受多大的投资损失而不至于影响自己的正常生活。风险承受能力要综合衡量，与个人资产状况、家庭情况、工作情况等都有关系。尤其是在购买某种理财产品时，不仅要详细了解该产品的相关事宜，更要对这一产品可能为自己带来的风险做出准确的评估。只有这样，做出的投资抉择才能正确。

理财案例

姓名：刘宁

年龄：31 岁

职业：装修工人

月薪：6000 元

4月1日，阴转小雨。

我住在 H 市，是个不大的小城。2006 年 8 月在某银行得知，

该银行正在推出一款外汇理财产品，名称为"腰缠万贯"，每半年为一个收益期，每年3月24日和9月24日支付收益，工作人员说，如果现在买这款外汇理财产品，第一个收益支付日为下一年的3月24日。

我简单地了解了一下对方的产品宣传和工作人员的介绍，认定这款外汇理财产品必定收益丰厚，便用现汇5000美元现钞购买了这款产品，投资起止日为2006年9月24日到2010年9月24日。2007年3月24日，该银行将收益划入我的委托资金账户。2007年9月26日，该行又将第二个收益期的收益划入我的委托账户。2008年3月24日，到了第三个收益日，我却没有收到收益，随后几次查询，都没有收到这笔钱。

当我将此事反映到这家银行后，银行的工作人员解答称，这款外汇理财产品本身就是有风险的，因受人民币升值、美元贬值等汇率变化的影响，在该产品的观察期间并没有收益。

对于这一风险，当初我在购买这款产品时已经与银行签订了有关协议。因此我认为，银行宣传理财产品时严重误导投资者，其宣传词中写道："如果您不想让您的外汇存款始终吃到很少的利息，那么请选择我行推出的产品——'腰缠万贯'。"这句话就意味着，该产品比同期银行外汇存款利息高，投资该产品比外汇存款收益大。而且宣传词还写着"美元帮你腰缠万贯"，我认为投资这一产品，肯定是天天有利可图，而且这个利要远远高于外汇存款利息。

当时，这家银行设计的产品协议书中，"提示风险"一栏是如下表述的："投资人为实现外币资产增值，本着'自负盈亏、自担风险'的原则，自愿做这项业务。"另外，在另一风险提示中写道："投资者应当充分认识由于国内外各种政治、经济因素以及各种突发事件、不可抗力可能对本业务所构成的投资风险，并愿意承担以上风险。"因此这家银行声称：在刘宁的第三收益期内，遭遇了分文未收的风险。

于是，我要求在第四个收益支付日立即终止委托，并返还本金，同时，按美元最低存款利率计息。但是，银行对我的这一要求没有同意。

后来，由工商部门召开听证会，并出具了行政复议书称：该银行将其印制的理财产品宣传单放置在银行内由客户任意拿取，但宣传单上却没有任何风险提示内容，而在与刘宁签订的投资委托协议书中虽然有三项风险提示条款，但没有明确写明具体的风险指向，如最小投资收益率，其中包括刘宁可能获得的最小收益率，即最大收益风险。银行隐瞒投资风险，构成虚假宣传。

曾经看起来很好、很有吸引力的外汇理财成了一块烫手的山芋，眼看着曾经梦想的"腰缠万贯"落空，这次失败的理财经历让我痛苦万分！

专家建议

"高收益必定伴随着高风险，但高风险未必最终能带来高收益。"这是任何人在投资前都必须牢记的规律，银行理财产品也同样遵循这一规律。正因为银行理财产品的风险高于普通存款，因此能有机会获得高于存款利息的理财收益。但在投资不同理财产品时，人们往往像刘宁那样只看到宣传中描述的收益，而忽视了相应的风险。外汇理财蕴藏巨大风险，况且这一产品是几年前推出的，这种产品受汇率变化影响风险会很大。刘宁的遭遇，与当时人民币升值、美元贬值有很大关系。或许刘宁通过此事能取得一定的教训。这一案例给人的警示意义在于：任何理财行为如果事先没有正确评估自身的风险承受力，那么损失发生后，可能会让人措手不及、无

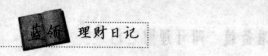

法理解和接受。

不同理财产品的风险各不相同，相同理财产品的购买时机、购买价格不同，所需承受风险程度也可能不同。一般规律是：保证收益类产品的约定收益较低，风险也较低；非保证收益类产品的收益潜力较大，但风险也较高。个人投资者应根据自身对理财产品风险的理解能力和承受能力，选择适合的产品类型。

投资者在接受银行提供个人理财服务时，应注意以下几点：

一是向银行咨询个人理财产品或接受个人理财产品推介时，应选择专业理财人员提供服务。

二是要注意保证收益类产品与存款的不同。保证收益类产品的保证收益一般都会具有附加条件，这种附加条件可能是银行具有提前终止权，或银行具有本金和利息支付的币种选择权，等等。附加条件所带来的风险完全由客户承担，客户在购买前，要向理财专业人员详细咨询产品附加条件的含义及可能带来的风险。

三是购买非保证收益类产品，要注意最高收益和预期收益不等同于实际收益。无论是最高还是预期收益率，银行都不具有保证支付义务，最终的实际收益率可能与最高或预期收益率出现偏差。个人在购买前，应要求银行提供令人信服的预期收益率估计依据。

四是应要求理财专业人员揭示产品的全部风险，描述可能发生的最不利的投资结果，以及规避风险的各种可能方式。

五是在购买理财产品时，还应该了解银行在理财投资中的角色和义务，例如银行进行信息披露的频率和范围，或对资金头寸的监控职责等。同时，应了解银行销售理财产品的权利，明确认购费、管理费、托管费、赎回费的计算方法、实际收取人和收取时间。不应简单以费用收取的多少作为衡量理财产品成本的标准，成本的高低应该在费用、可能收益和服务质量相结合的基础上综合判断得出。

理财必知

提高风险承受能力，需要了解影响风险的诸要素和采取必要的措施，这就要求从以下几个方面来考虑。

第一，分散投资，抗拒市场风险

分散投资称为组合投资，是指同时投资在不同的理财产品上。分散投资改变了风险和收益对等原则，分散投资的好处是，分散投资可以在不降低收益的同时降低风险。这也意味着通过分散投资可以改善风险与收益的比率。在分散投资实际操作中，可以根据不同情况采取多种方法，但唯一的目的和作用就是降低投资风险。

比如在投资股票的同时又投资基金。这样，为了抗拒市场风险，要将投资分散在不同的产品上，如同"不把鸡蛋放在同一个篮子里"一样。

第二，谨慎选择理财产品，力避信用风险

理财产品的投资如果与某个企业或机构的信用相关，比如购买企业发行的债券等理财产品，就需要承担企业相应的信用风险，如果这个企业发生违约、破产等情况，理财产品投资就会蒙受损失。

管理信用风险有多种方法。传统方法是贷款审查标准化和贷款对象多样化。近年来，较新的管理信用风险方法是出售有信用风险的资产。银行可以将贷款直接出售或将其证券化。银行还可以把有信用风险的资产组成一个资产池，将其全部或部分出售给其他投资者。当然，使用各种方法的目的都是转移信用风险，使自己本身所承受的风险降低。

第三，进行合理的资产配置，降低流动性风险

某些理财产品属于期限较长或难于及时变现的金融产品，在理财产品存续期间，投资者在急用资金时可能面临无法提前赎回理财资金的风险，或面临按照不利的市场价格变现的风险，从而导致投资者亏损。为了降低流动性风险的影响，投资者可以进行合理的资产配置，将一部分闲置资金投资于随时可以赎回的高流动性产品，以免用钱时不能及时赎回。

此外，需要关注现金管理类产品有巨额赎回的限制条款，一旦客户集中赎回资金达到一定数量，银行有权拒绝或延期处理。

第四，时刻关注货币购买力，回避通胀风险

在负利率时期，抗通胀无疑是投资界的热点。通胀来了，在工资上涨水平跟不上通胀的情况下，老百姓的"家底儿"越来越薄。如何让"家底儿"免受通胀的吞噬，已经成为当下蓝领们最关注、最亟待解决的问题。

通货膨胀是需要你时刻关注的。在通货膨胀时期，货币的购买力下降，理财产品到期后的实际收益下降，这种通胀将给理财产品投资者带来损失的可能，损失的大小与投资期内通货膨胀的程度有关。

第五，重点关注政策变化，避免政策风险

很多时候，可能会出现政出多门，政策互相打架、互相掣肘的情况。这种政策上的混乱信号，会使市场无所适从、无法把握，这就有可能造成市场出现一些非理性的变化，需要蓝领们重点关注。

受金融监管政策以及理财市场相关法规政策影响，理财产品的投资、偿还等可能不能正常进行，这将导致理财产品收益降低甚至理财产品本金损失。

第六，研究和评估受托人资质，降低操作管理风险

银行是理财产品的受托人，其管理、处分理财产品的水平，以及银行是否勤勉尽职，直接影响理财产品收益的实现。

第七，理性看待理财信息，降低信息传递风险

商业银行将根据理财产品说明书的约定，向投资者发布理财产品的信息公告，如估值、产品到期收益率，等等。若因通信故障、系统故障以及其他不可抗力等因素的影响使得投资者无法及时了解理财产品信息，这可能会影响投资者的投资决策，从而影响理财产品收益的实现。

第八，考虑不可抗力的风险因素

自然灾害、战争等不可抗力因素的出现，会严重影响金融市场的正常运行，可能影响理财产品的受理、投资、偿还等业务操作的正常进行，或者导致理财产品收益降低甚至本金损失。

总之，投资周期和投资目标将决定对风险的承受能力。因此，要根据自己的风险属性，进行合理的资产配置。只有冷静定位自己的风险偏好，下工夫认清自己的风险承受能力，并根据自己的风险承受能力选择与自身风险承受能力相匹配的理财产品，才有利于投资者在有效控制投资风险的前提下，最终实现其投资目标。

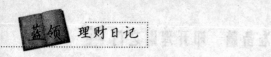

为自己设定理财目标

　　理财，就是管理财产，也就是合理地分配资金，将其分别投入合适的理财产品，从而获得更高的收益及回报。作为蓝领人士，首先应该按照自己的实际情况评估自己的风险承受能力，然后制订投资目标，在自己的风险承受能力范围内分步实现。

　　每个人都有自己的理财目标，对于蓝领而言，理财规划并不神秘。只要选择合适的理财工具，如股票、基金、债券、保险等，并掌握一定的方法，理财目标就可以实现。

理财案例

　　姓名：韩琦

　　年龄：42 岁

　　职业：厨师

　　月薪：4000 元左右

4 月 20 日，晴。

　　我的理财心得最开始是从网上总结来的，最初是看别人的，希望能从中学到一些理财技能。今天我轮休在家，趁着有时间就写下我的理财过程，算是梳理一下自己的理财心得吧！

和大多数理财的人一样，我只会花那些我认为该花的钱，看到网上经常有朋友说记账的种种好处后，我也养成了比较好的记账习惯。因为老婆怀孕了在家保胎，我日记本里的这些东西她也能看到，这样我的现金流就能进入她的法眼，避免她以后和我秋后算账。

我的工资不高，属于蓝领阶层，老家在东北，来北京密云从事厨师行业十多年了，中专学历，"80后"。每个月工资扣去餐费、个税、保险以外只能拿到4000块钱左右，如果加班能拿到5000块钱左右。目前住的是三人间的宿舍，有空调、宽带，我很满足了。每月至少可以节省500块钱。老婆怀孕需要营养，这笔钱可以给她每月买两罐美赞臣的孕妇奶粉，230多块一罐，一个月能买回两罐。希望老婆和宝宝都健康！

一直认为自己是个很节省但不小气的人，可能小时候家里不富裕，花钱的地方太多，虽然是男生但过得比女生还节俭，从不乱花钱，也很少购物，只买自己需要的东西。特别是老婆怀孕后，一个月只去两次华润超市，一次性买好15天所需要的食品、日用品。这就避免自己逛商场、乱花钱，请客吃饭每个月虽然都有预算，但我干厨师这个行业有些便利，也花不了多少钱。

说说理财吧。有很多人都在谈理财，我最不喜欢听别人一说理财就是什么股票之类的话，表面上看那些股市高手好像是这么一回事，但这其实都有很大的不确定性，一般都是讲理论天下无敌，做起来却无能为力。买股票不如买份万能险，所以只要思路正确，就一定得相信自己！

我从2007年开始就不再碰股票了，有时买基金。以前炒股票的时候，股票放在手上跌了差不多60%。有时候运气好，头天买了第二天就涨停，有时还能碰到连续几个涨停，其中就有神

奇的"深深房"股票，不过那次三个涨停板后我就把这只股票卖了，因为我发现我只有这么点境界和本事，我不是宁波的"游资敢死队"，幸福来得太快我会窒息的。能赚就好，这是我在股市中炒股票的原则，如果账面上亏了就放一段时间。不过，从目前来看我并没有亏得太多。我在股票操作中炒得最多的也就这么几只：江苏阳光、凯乐科技、东湖高新。

我把钱分成了好几份，第一份钱用在股票上，逢低买银行股建仓，像中国银行和工商银行这两只股票，有一段时间一直在盘整或者下跌，逢低我就买，涨了也没必要卖。可能是有一买就跌、一卖就涨的阴影吧。我不可能成为那个"股神"巴菲特，我只是个小散户。现在的时间和经验只能让我进行长线操作。股票放个两年以上的收益比钱存在银行和定投基金要赚得多，保不齐还不到两年就挣了。电视上那些所谓的股票专家的吹嘘我一概不听，推荐的软件一概不用。我很喜欢郎咸平教授，是发自内心的崇拜，还有乐嘉老师，他们是真正的"大拿"和"牛人"。

第二份我放在保险里面，我在2005年就买了平安鸿利富贵竹，每年交几千块钱，平均三年一次小分红，然后重病、重疾、住院之类都有保障。今年和老婆结婚后，在情人节又给她买了份平安鑫盛附加重病、重疾。这样我们两口子都有了人身的基本保障。宝宝也快出生了，给宝宝的保险也在计划中，当然还会选择平安保险。给平安保险作下小宣传吧：平安保险真的不错！平安保险公司专业、细心、厚道。

第三份就放在银行里面，一部分存了两年定期，只要没有急需，这钱就不能动！到期后会一直转存下去。还有一部分就是手上工资卡里的现金，除去用于我和老婆的开支，一旦节余5000块就存个半年定期，宝宝出生后用钱的地方就多了，存时间长的定期肯定不合适，免得自己有钱到急用的时候还要向别人借。

我和大多数人一样没有选择买房，北京的房价太贵。本来去年打算回老家买套亲戚的二手房做婚房，但后来没买成，老家的房价是畸形的高，不划算，刚结婚也买不起，就取消了这个念想。觉得以现在的经济实力还是理智一些好，不能光为了所谓的面子就乱花钱。

宝宝出生后我们还要在外面打几年工，一年在老家待的时间不会超过一个月，农村的房子够大够宽，而且装修得还行。爸妈也乐意我们不在北京买房，这能省不少钱。老家吃的喝的干干净净，都是家里自产的，原汁原味。要是有创业的门路了，这笔钱可是迈向成功的第一步。在北京买房太亏，每天都上班，在家住的时间很短，这也太不合算了。

老家的房子是在三年前自己盖的，用了近16万元，包括家具、电器、开放式橱柜、书房，该有的都有了，甚至还有了独立的车库，虽然里面只停了一辆农用三轮车。房子前面有条小河，后面有菜园，这日子过得也太美了吧。现在老家都修了村村通的道路，从我们村到县城也只要25分钟左右。所以我从心里拒绝了在城里买房的想法。村里的地皮又不要多少钱，自己过几年建个小别墅不是更好吗？

我的第四份钱就是和弟弟在村里合伙承包了一条河道，河有两里多长，承包费、租金、清淤、加固、鱼苗费等前期投了不少，爸妈都50多岁了，种地太辛苦了，不想让他们这么累。承包河道养点鱼，河两头的桥孔用栅栏把鱼拦住，河水是流动的，类似野生的鱼和虾去卖，还很抢手，除去每年的租金，比种田划算，也轻松多了。

我们兄弟俩都在外地打工，要是在外面混得好，承包的这条河就给爸妈养老，要是不想在外面打工了就回去搞养殖。我们

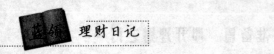
那里没有工业，也就没有污染，养出来的鱼虾不怕卖不掉。

这些就是我的理财目标，很保守但很具体，理财需要持之以恒，光存钱也没用，要学会理财。虽然目前我一个人挣钱，我也计划去买车、建房，还要给宝宝买钢琴，给老婆买漂亮的衣服。为了宝宝、为了爱人、为了家，所以我更要坚持。

专家建议

韩琦的理财日记读来感觉很贴切，很实在，也让人感动。现实生活中这样的人很多很多，他们都在努力慢慢使自己过上好日子。

需要说明的是，韩琦家庭资产配置全部为无风险投资，投资品种保守，对投资理财基本没概念，需要改变投资理念。如果韩琦能改变一下思路，建议他委托理财专家帮他重新进行资产配置，调整投资组合。在相对控制风险的基础上，倾向于投资收益高一些的投资品种。相对来说，这可能比投资股票要好得多。

理财必知

设定理财目标是开始理财的关键一步。设好理财目标就等于成功了一半。家庭理财成功的关键之一就是建立一个周密细致的理财目标。那么，如何综合各方面因素，科学合理地设置自己的理财目标呢？以下的理财必知供投资者参考。

第一，了解愿望与目标的差别

设定理财目标之前，要搞清目标与愿望的差别。日常生活中，大家都有许多这样的愿望：我想退休后过舒适的生活、我想让孩子到国外去读书、我想换一所大房子，等等。这些都只是生活的愿望，而不是理财目标。

理财目标必须具有两个基本特征：一是目标结果可以用货币精确计算；二是有实现目标的最后期限。简单来说就是理财目标具有可度量性和时间性。如下例就是具体的理财目标：我想 20 年后成为百万富翁，我想 5 年后购置一套 100 万元的大房子，我想每月给孩子存 500 元的学费。这些具体例子都是清晰的理财目标，具有用现金度量和实现时间两个特征。

第二，列出所有愿望与目标

列出目标的最好方法是使用"大脑风暴"。所谓"大脑风暴"就是指把所有能想到的愿望和目标全部写出来，包括短期目标和长期目标。所列目标需要家庭所有成员坐下来，把心中所愿写下来，这也是一个非常好的家庭交流融洽的机会。

第三，筛选并确立基本理财目标

审查每一项愿望，并将其转化为理财目标。其中有些愿望是不太可能实现的，就需筛选排除，例如：我想 5 年后达到比尔·盖茨的财富级别，这对许多人来说都是遥不可及的，所以也就不能成为实际可行的理财目标。把筛选下来的理财目标转化为一定时间内能实现的、有具体数量的资金量，并按时间长短、优先级别进行排序，确立基本理财目标。所谓基本理财目标，就是指生活中比较重大的、时间较长的目标，比如养老、购房、买车、子女教育，等等。

第四，分解和细化目标

制订理财行动计划，即实现理财目标需要的详细计划。比如每月存多少钱、每年要达到多少投资收益。有些目标不可能一步实现，需要分解成若干个次级目标。设定次级目标后，就能知道每天努力的方向了。所以理财目标必须具有方向性，这可以作为理财目标的第三个特征。

当然，设定理财目标还需要与家庭经济状况和风险承受能力等要素相适应，以确保理财目标的可行性。

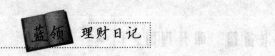
明确自己所处的理财阶段

　　理财是一生都在进行的活动。由于不同生命阶段的生活重心和所重视的理财重点不同，理财的目标会有所差异，所以设定理财目标必须与人生各阶段的需求相匹配。

　　每个人或每个家庭在人生的不同阶段，财务状况和收入水平都不同，如何阶段性地将理财目标与这些金钱的运用有效结合，就需要进行资产配置。也就是说，设定理财目标必须与人生各阶段的需求相匹配。

理财案例

　　姓名：何文
　　年龄：29 岁
　　职业：销售员
　　月薪：6000 元

4 月 25 日，晴。

我和丈夫现在在广东佛山某区生活，我做销售，丈夫当业务员。2005 年年初组建家庭时两人收入共计 9000 元。

我和丈夫都自称"笨小孩"，但我们对未来有着自己的设想：能在两年后生个小宝贝；添一辆车；可能的话，每年都安排旅游一次……

我与丈夫都是"80后"，与追求时尚的同龄人相比，我们依旧持有传统观念，也喜欢按部就班地工作和安稳的生活。

还没有大学毕业，我就把成为销售员作为职业目标，理由是希望将来能最大限度地发挥个人价值。毕业后，经过一番努力，如愿以偿进入广东佛山市某产品代理公司的销售行列。

我和丈夫是大学校友，我们商量毕业后，第一件事情就是存钱买房子结婚。踏入社会之初，要买佛山市中心80平方米、每平方米5000元的房子，总共需要40万元，我们决定用3年时间积累购房首付再加上税费、装修费等，合计20万元为奋斗目标，不足部分向银行贷款。钱来源于工资，所以我们在工作上都兢兢业业，生怕有闪失。如果工资不涨，再来个失业，房子就会泡汤。

那时，我和丈夫的理财规划是，3年后有20万元，相当于每月存5600元，所以我和丈夫合计每月税后工资9000元，存款率要达到62%，也就是说两人每月开销合计只能是3400元。为达此目标，我和丈夫与父母同住，厚着脸皮让父母再提供3年的免费栖息之地，以省掉租房开支。许多人都是每月扣除花销后，才将剩余的钱拿去储蓄，但我们认为这样很容易打乱存钱计划，不如先把要存的钱扣掉，再去花销剩下的。这就是"先存钱，后消费"。

我和丈夫还认为存钱需要"八大铁的纪律"：一是每月风雨无阻地把5600元存起来；二是他戒烟，我每两个月才买衣服；三是要做消费预算，有冲动消费念头时默念一到十；四是能坐公车，就不打出租车；五是能吃食堂，就不要下饭馆；六是要认真对待工作，工作是5600元的保证；七是3年时间内，保持充电，争取升职加薪，这是5600元可延续的保障；八是每月都记账，专款

专用。

　　终于在 2008 年年末，我们以单价 4900 元买了市郊的一套 80 平方米的房子，随着国家对 90 平方米以下的房子出台相应的减税政策，我和丈夫心里乐开了花，把爱巢简单装修后，再买了几套家具，自己动手做了一个北欧风格的小窝。终于，我们用 3 年时间完成了首个人生目标。

　　我和丈夫不断地努力工作，都获得了领导的认可，均升职为小主管，每月的家庭收入达到 1.7 万元，日子真是越过越好了。

专家建议

　　何文两人现正处于家庭形成期，年轻夫妇，无小孩。在这个重要的人生理财阶段，理财重点是创造收入，未雨绸缪，为将来的理财目标做资金准备。

　　何文和丈夫曾经自称"笨小孩"，在面对曾经的疯狂股市时不动心，一直坚守"买房"的理财计划，在股票和基金面前都是"菜鸟"，相比之下，还是选择未来的房子和婚姻比较实在。但"笨小孩"是傻人有傻福，在市场低迷之时买了房子结了婚，日子稳定后，他们两人在职业上各自也荣升小主管，他们正奔向未来的美好生活。

　　何文和丈夫想在两年内生宝宝，对未来的设想，可以进行量化并做短、中、长期的定性排序。但实际上，何文夫妇还会面临新的人生阶段的理财需求。诸如建立两人家庭后，夫妇的生老病死绝不是一个人的事情，这意味着夫妇二人的保险保障；如生了小孩，家庭就要承担长达 20 年的养育责任；再有，即使有社保，在生活水平日益高涨的情况下，需要考虑两人的退休资金准备。

　　目前，何文和丈夫月工资合计 1.7 万元，每月还贷款。虽然何文家庭已经拥有难能可贵的高储蓄理财习惯，但何文二人的家庭理财存在以下问题：首先，相对于其所处的生命周期，两人都比较年轻，但在理财投资上过于保守；其次，结婚后，理财需求突然增加许多，以目前资金去完成短、中期理财目标尚显吃力。

建议何文和丈夫考虑购车计划延后，继续做将来的 10 年储蓄计划。相对于过去的储蓄安排，何文和丈夫更需要了解储蓄金额中有多少金额用于子女教育，有多少金额属于自己今后养老。

投资的工具多样化，例如选择一些保本型的理财产品或债券型基金，而不能仅限于银行存款。而卫星资产是指为购车或旅游而准备的资金，因为这两项资金是可以在满足基本的医疗保险、养老保险等情况下再去实现，它们的实现仅仅起到锦上添花的作用，占各项收入之和减日常开支后余额的 20%，投资工具可采用稳健型的债券型基金。

理财必知

人的一生，从经济独立开始，就要有计划地理财。根据人生各个阶段的不同生活状况，如何在有效规避理财风险的同时，制订出人生各个时期的理财计划呢？

不同理财阶段的生活重心和所重视的问题不同，理财目标会有所差异。人生分为五大阶段：单身期、家庭形成期、家庭成长期、家庭成熟期、退休期。

第一，单身期（参加工作到结婚前，时间是 2 ~ 5 年）

理财重点：单身期要为未来家庭积累资金，理财重点是要努力工作，打好基础。在这期间内，也可拿出部分储蓄进行高风险投资，目的是学习投资经验。另外，由于此时负担较轻，年轻人的保费又相对较低，可为自己购买人寿保险，减少因意外导致收入减少或负担加重的压力。

投资建议：可将积蓄的 40% 用于投资风险大、长期回报高的股票、

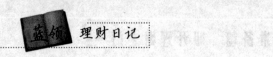

股票型基金等金融品种，20％投资其他类型基金，20％选择定期储蓄，10％购买保险，10％存为活期储蓄，以备不时之需。

理财顺序是先要制订节财计划，再制订资产增值计划，并留有应急基金，争取购置住房。

第二，家庭形成期（结婚到孩子出生前，时间是1～5年）

理财重点：这一时期是家庭消费的高峰期。虽然经济收入有所增加，生活趋于稳定，但家庭的基本生活用品还是比较简单。为了提高生活质量，往往需要支付较大的家庭建设费用，如购买一些较高档的生活用品，每月还购房贷款等。此阶段的理财重点应放在合理安排家庭建设的费用支出上，稍有积累后，可以选择一些比较激进的理财工具，如偏股型基金及股票等，以期获得更高的回报。

投资建议：可将积累资金的50％投资于股票或成长型基金；35％投资于债券和保险；15％留作活期储蓄。

理财顺序是先购置住房，然后购置硬件，同时要注意制订好节财计划，留有应急基金。

第三，家庭成长期（孩子出生到上大学，时间是9～12年）

理财重点：家庭的最大开支是子女教育费用和保健医疗费用等。但随着子女的自理能力增强，父母可以根据经验适当进行投资，比如进行风险投资等。购买保险应偏重于教育基金、父母自身保险等。

投资建议：可将资金的30％投资于房产，以获得长期稳定的回报；40％投资股票、外汇或基金；20％投资银行定期存款或债券及保险；10％是活期储蓄，以备家庭急用。

理财顺序是先要制订子女教育规划，对资产增值做到有效管理，留有应急基金，制订特殊目标规划。

第四，家庭成熟期（子女参加工作到父母退休前，时间约 15 年）

理财重点：这期间由于自己的工作能力、经济状况都已达到最佳，加上子女开始独立，家庭负担逐渐减轻，因此适合积累财富，理财重点应侧重于扩大投资。在选择投资工具时，不宜过多选择风险投资方式。此外，要存储一笔养老金，并且这笔钱是雷打不动的。保险兼理财产品是较稳健的投资工具之一，虽然回报偏低，但有利于累积养老金和资产保值增值。

投资建议：将可投资资金的 50％用于股票或同类基金；40％用于定期存款、债券及保险；10％用于活期储蓄。随着退休年龄接近，用于风险投资的比例应逐渐减少。在保险需求上，应逐渐偏重于养老、健康、重大疾病险。

理财顺序是先搞好资产增值管理，制定养老规划和特殊目标规划，留有应急基金。

第五，退休期

理财重点：应以安度晚年为目的，投资和花费通常都比较保守，身体和精神健康最重要。在这时期最好不要进行新的投资，尤其不能再进行风险投资。

投资建议：将可投资资金的 10％用于股票债券型基金；50％投资于定期储蓄或债券；40％进行活期储蓄。对于资产比较丰厚的家庭，可采用合法节税手段，把财产有效地交给下一代。

理财顺序是先制订养老规划，然后制订遗产规划和特殊目标规划，留有应急基金。

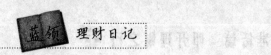

制订购房和育儿规划

年轻家庭在初创期面临的普遍问题就是购房和育儿，这就更应该制订好理财规划，并坚定信心确保实施。

对大多数蓝领阶层中面临购房和育儿的年轻家庭来说，虽然最开始的几年是最艰难的，但随着工作的稳定、职位的提升，收入逐渐增加，情况就会开始慢慢好转。

理财案例

姓名：刘昊

年龄：28 岁

职业：装修工人

月薪：4500 元

4 月 30 日，多云。

我和妻子在北京打拼已有一段时间，目前存款 5 万元，公积金账户有 4.5 万元。没有购买过任何保险和股票，没有负债。我们每月税后收入 7900 元，每月支出 4100 元，每月结余 3800 元。

我们准备今年在北京郊区买房，面积计划在 60 至 80 平方米，明年可以申请两限房，大概每平方米 7500 元，准备首付 25 万元，其中向家里借 15 万元。我们两人公积金加起来每月 2000 元，可用于支付购房贷款。

我们的"小算盘"是这样的：向家里借款 15 万元，加上自己的储蓄和公积金，首付 25 万元，贷款 35 万元。如果申请 20 年期个人住房贷款，每月月供为 2150.18 元。购房后，在正式交房入住前，每月以公积金支付月供，其他收支不变。待交房后，每月又可省下 1600 元租金用于投资理财。

另外，我们准备 2011 年要宝宝。

我和妻子都相信，上述目标一定能够实现。

专家建议

关于购房，首付款不要倾囊而出。按照刘昊自己的计划，家庭全部积蓄用来支付首付款，这样虽然降低了负债和每月的月供负担，但并不是最合理的方案。因此，购房首付款花去全部积蓄是不明智的。要知道购房时除了房款以外还需要支付契税和公共维修基金。交房后，装修及家具、家电也是一笔不小的数目。一定要在购房初期，将以上全部费用做通盘考虑。

建议刘昊用 5 万元存款和 15 万元借款，共计 20 万元支付首付款，同时申请 40 万元的 30 年期个人住房贷款，这样每月的月供为 1946.28 元。夫妇二人 2000 元的公积金可以轻松支付，没有增加日常负担。

购房后，凭购房合同支取的公积金作为装修、入住准备金。收房前可暂时投资于银行短期、低风险、固定收益类理财，期限以收房日为上限。既保证了资金的特定用途，又在未使用阶段让收益最大化。

在月供压力不大的情况下，房屋贷款最近几年不急于提前还清，多出来的积蓄可以用来改善生活质量，有了宝宝以后，花钱的地方很多，手边要有一定的存款应急备用。

关于要宝宝，应该建立"宝贝计划"专项基金。刘昊夫妇希望 2011

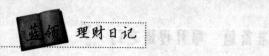

年要宝宝。那么从现在开始，每月都应有计划地进行储蓄和投资。储蓄存的是孕产等相关费用，投资存的是孩子成长教育金。

首先，编制宝贝预算消费清单。认真想一想生活因为要宝宝所要发生改变的事项，尽可能全面地估算出所有必要的花费项目。初步估算出从怀孕开始到产后恢复上班这一阶段的所有费用。至少包括孕期检查费用、生产费用、护理费用，还有各类新生儿用品添置费用。小孩子的东西种类繁多。

其次，询问本单位关于生育的福利待遇，计算资金缺口，建立储蓄账户。每个单位的福利不尽相同，建议刘昊询问所在单位的人力资源部门，关于生育费用的报销和产假期间的福利待遇。计算出"宝贝计划"的资金缺口。从现在开始建立一个储蓄账户，每月从收入结余中拿出固定部分进行储蓄。储蓄时也有技巧，可以通过零存整取的方式，也可以考虑具体支出的时间，每月以整存整取的方式存入。随着宝宝出生日期的临近，花费逐渐增加时，定期储蓄陆续到期。这样既不影响使用，又增加了利息收入。而且目前银行卡拥有一卡多子账户的管理模式，卡内可以轻松实现定活互转。账户清单也一目了然。

另外，最好每月用 1000 元定投指数基金，建立长期宝贝教育金计划。以每年 8% 的收益估算，连续投资 20 年，在宝贝 18 岁时可以积累近 59 万元的教育金，若收益率能达到 10%，账户将积累到约 76 万元。这样一来，刘昊一定不会为日益增长的高等教育费用发愁了。

还有一个问题就是保险，保险是用小投入换得高保障。事实上，买房后的刘昊，背负着 40 万元的住房贷款，真正成了一名"月供族"。家庭财务的健康运转完全依赖夫妇二人持续的工作和稳定的收入支撑。在储蓄率不高的情况下，购买一份合适的商业保险，不仅可以覆盖重大疾病费用缺口，还可以保障原有理财目标的顺利实现。

刘昊夫妇目前的医疗和养老保险只有社保。社保的医疗险属报销型。在起付线、止付线之间对《国家基本药物目录》中的药品按比例报销。在现实生活中，和重疾相关的很多费用不能报销，例如自费药、营养费、看护费、交通费、误工费等。选择一款合适的给付型重疾保障产品，一旦确诊罹患重大疾病，不论花费多少，社保报销多少，直接向保险公司领取现金保障。这样既可以提高医疗待遇，又增强了家庭支付能力。

由此，建议刘昊夫妇按照目前家庭收入 1 比 2 的结构，为自己购买 10 万元，刘昊本人购买 20 万元附加重疾的两全寿险。这样，不仅在挣钱养家的青壮年时期，享有重疾和身故双重保障，更可在无风险发生时，夫妻二人在退休当年领取总共 30 万元的养老储备金。按照市场正在销售的某款产品计算费用，20 年交款，每月支出不足 1000 元。这样一来，就真正做到了小投入，高保障，多用途。

理财必知

鉴于年轻家庭中夫妻二人刚走上工作岗位又组建家庭不久，自身积累有限，未来购房和育儿等支出项目也比较多，这些都需要用适合的理财策略设计和规划自己的人生。

第一，学会记账

在现代年轻人眼中，"月光族"早已不是什么新鲜词了，甚至有可能已经发展成"半月光"了。生活中的诱惑实在太多，名牌衣服、包包、首饰，还有高档餐厅，个个都是挡不住的诱惑。

刚开始赚钱，就想要奢侈的生活，却早已忘了自己每个月薪水就那么多。不知不觉中，一个月的薪水就不见了踪影，花在了什么地方却不得而知。准备一个账本，看看记下来的账目绝对会让自己大吃一惊，原来自己花钱这样没有节制，然后在下一次花钱的时候，就会想想是应该花还是不应该花。

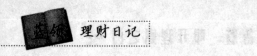

第二，努力攒钱

攒钱是一切理财的基础，财富不是从天上掉下来的。如果每个月都超额消费，还有钱可攒吗？如果没有攒下钱，那就从现在开始学会攒钱。对于年轻人来讲，有多少钱都不算多，有许多方法都能把钱花掉；有多少钱也不算少，因为反正都不够用。

每个月除去家庭必要的生活费和煤水电费的开支，可以定下来每个月固定存储的钱数，不管多少，这些都是实实在在存在银行里的备用资金。以后可以用这些钱来应急，也可以在积累了一定资本后做更复杂的投资。所以，强迫性储蓄是起步时最好的方法。

第三，理性投资

对于年轻人来说，基金定投是最合适的投资工具。每个月可以拿出几百元，与银行签订一个基金扣款协议，在不影响自己生活的情况下不知不觉给自己积累一笔意想不到的财富。

购买分期交保险，也是投资的一种方式，15 年或者 20 年付完。在最有能力赚钱的时候解决这个看起来的"负担"，但实际上是在进行一个稳健型的投资规划，也解决了自己的保障问题。

当存款积累到一定金额时，也可以开始考虑房产投资或者银行推出的金融理财产品。年轻人是不怕担风险的，一方面是因为年纪轻的关系，另外一方面是有时间和能力去赚到更多的钱，因此可以承受一些投资上的损失。如果不愿意承担基金或房产投资的风险，习惯定期储蓄的方式，分红型或万能型保险也是抵御通货膨胀，避免货币贬值的不错选择。

第四，做好养老规划

养老规划最为直接的就是缴纳养老保险金，退休后两人均可以拿到退休金。退休金可以满足基本生活开支，保险对于养老而言有特殊意义。保险不仅能提供人生各个阶段涵盖各种风险的周全保障，确保意外事件发生之后，家庭和个人的生活品质不受到显著影响，还能够通过精算师、风险管理师等专业人士对资金的中长期筹划进行运作，达到资产的保值增值。如果想过上自己满意的退休生活，可提前做好准备。如果目前家庭以准备小孩教育金为主，养老金可以在准备好小孩子教育金之后再开始准备。如果小孩教育金有多余部分可用于养老。

第五，设定理财目标

年轻家庭刚组建不久，家庭成员也处于事业的打拼期与上升期。对这期间所处的人生阶段而言，家庭完全可以同时有几个理财目标，重要的是要根据预期实现时间的长短，把理财目标分为短期、中期和长期3种，合理配置资金，选择合适的投资工具，实现不同的理财目标。

比如短期目标可能是为购房储备足够的首付款，中期目标可能是为十几年后子女去海外上大学筹措教育经费，而长期目标可能是为退休养老做好准备。

第六，评估风险承受能力

人们经常听到这样一句话："股市有风险，入市需谨慎。"事实上，不仅仅是股市，只要是投资，就一定会伴随着风险。

每个人风险承受能力的高低也是家庭理财规划中需要考虑的首要因素。应了解自己可以接受的风险程度，选取适合的投资工具。如果风险承受能力较高，可考虑一些高风险高回报的投资工具，如股票权证。如果风险承受能力较低，可考虑一些较为保守的投资工具，如债券、保本基金，等等。

此外，在不同的人生阶段和不同的财务状况下，同一个投资者的风险承受能力也不尽相同，因此需要根据具体情况调整投资策略。

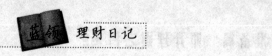

第七，寻求专业人士帮助

理财规划虽然是个人私事，但是很多投资者未必能对自己的财务状况做出正确分析，也未必精通投资，还有不少家庭因为工作繁忙，无法紧跟市场变化。

事实上，在理财规划的每一阶段，甚至每一步，都可以寻求专业人士的帮助。银行工作人员、理财师和基金经理等专业人士可以为每个家庭分析家庭财务状况，辨析投资风险，推荐投资方向，帮助轻松实现家庭理财目标。

说了这么多，其实最适合自己的理财方式就是最好的。除了家庭理财小常识，下面几条理财定律不妨看看。

一是"4321定律"。家庭资产合理配置比例是家庭收入的40%用于还购房贷款及其他方面投资，30%用于家庭生活开支，20%用于银行存款以备应急之需，10%用于保险。

二是"72定律"。不拿回利息利滚利存款，也就是利息变为本金继续存款。本金增值一倍所需要的时间等于72除以年收益率。比如，在银行存10万元，年利率是2%，每年利滚利，多少年能变20万元？答案是36年。

三是"80定律"。股票占总资产的合理比重等于80减去年龄的得数添上一个百分号（%）。比如，30岁时股票可占总资产50%，50岁时则占30%为宜。

四是家庭保险"双十定律"。家庭保险设定的恰当额度应为家庭年收入的10倍，保费支出的恰当比重应为家庭年收入的10%。

五是房贷"三一定律"。每月还房贷金额以不超过家庭当月总收入三分之一为宜。

家庭理财不是让谁成为百万富翁，而是通过科学的理财规划以达到提高生活品质，提供生活保障的目的。希望以上的家庭理财小常识可以给蓝领家庭更多的理财启示。

农民工理财要合理

农民工是蓝领阶层的庞大群体。明智消费与合理理财，对背井离乡在外打工的农民工至关重要。只有树立正确的消费观和理财观，运用行之有效的理财方法，才能够让农民工手中的钱积少成多。

改革开放，把大量的农民兄弟从土地上解放出来，他们走进城市或者矿山、工地，通过辛勤劳动使腰包逐渐鼓了起来。这支不容忽视的群体力量，用自己的汗水扮靓了城市。但是，势头强劲的理财之风，却未能吹进他们的生活。农民工辛辛苦苦挣的钱是花掉还是存起来？是盖房子还是投资？有关专家建议：农民工理财需合理。

理财案例

姓名：刘福

年龄：28 岁

职业：工厂保安

月薪：1800 元

4 月 30 日，多云。

我是一个农民工，在 L 市的一家工厂做保安。我想很多年轻朋友和我一样，以前基本过着"月光族"的生活，有多少花多少，甚至还办了一两张信用卡，偶尔过着提前消费的日子。2007

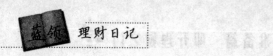
年来到 L 市至今，工作近四年，除了缴纳公积金强制性存下来的总共1万多元钱，储蓄卡里基本上长期维持在1000元左右的状态。

一直没觉得这样有什么不好，日子挺逍遥，心态良好。

改变源自去年，去年结婚买房了。首付是家里出大头，掏空父母和自己所有的积蓄，再贷款装修，每月3000多元的按揭，对于一些收入高的朋友可能没什么，但对于我和爱人合起来月收入6000元左右的家庭，经济负担突然重重地压下来，简直不敢想象，每月才2000元左右的剩余如何应付日后孩子的教育、晚年的养老以及父母家人突然而来的意外或疾病。

不能再毫无计划地花钱了，要存钱，直觉告诉我。但只把钱存到银行，利息还不够抵扣国家的通货膨胀率呢。这时，我开始关注基金，因为股票风险高而本人又不懂，所以没去想投资股票，这时，恰好听说了"理财"这个词。

如何使我的资产稳定增值，合理安排好收入与支出，为将来孩子的教育储备教育基金，为老年储备养老基金等，都成为我思索的问题。

我要理财！我这样告诉自己。

那什么是理财呢？我的理解是，投资不等于理财，投资是实现理财的手段，不能代替理财。如果错把投资当做理财，不理财就投资，其本质就是通过金融产品进行赌博，而且通常是"十赌九输"。真正的理财也称作"理财规划"，应该强调一个"理"字，分为"财务理财"和"投资理财"两个部分。

"财务理财"要求在详细收集财务资料的基础上，对个人和家庭的现金收支、资产状况和投资品种进行盘点和清理，发现存在的问题，改变不合理的开支与投资。测试个人的心理承受能力，构建最优的资产配置组合，制订符合自身特点的投资与保障计划，并针对财务难题提出解决方案。

"投资理财"意为经过比较研究，客观公正地评价所有金融机构的产品，并以此评价为基础，选取最优、最适合自己的金融产品。

说白了，投资的目标是收益最大化。理财的目的是使资产全面、稳定地增长，稳定增长是正道，想获暴利是碰运气。

普通人只能借助理财规划，构建资产配置组合。我是普通人，所以我目前对自己资产的计划是这样：

首先，我要有一笔钱放在自己手里，也就是把可有可无的消费用钱都先储蓄起来，储蓄额达到我们的月收入的3至6倍作为流动资金，以应付日常生活或突发性开支。每个月考虑至少存1000元，加上年底发的奖金，一年后就可以达到这个目标。

其次，每个月剩余的钱再依据自身的风险承受能力，考虑购买一些金融产品，可在货币基金、债券、开放式基金、黄金、股市等方面选择。

钱是很少，但我的目标是让它稳步增值，所以心态较好，不求暴增。

专家建议

首先，针对刘福和妻子月收入为6000元的情况，每月留一部分日常用的钱，然后将不用的钱在银行存一个零存整取储蓄存款，即每月固定存入，可以先存活期储蓄存款，随存随取，只是利息低一些，等达到一定金额后将整数如5000元或者1万元不等，再转为整存整取定期储蓄存款，以获取相应的利息收入。

其次，可以购买银行的理财产品，具体购买银行的哪种理财产品可以到银行咨询，比如基金、债券等，另外还有其他许多的理财产品，主要看什么品种最适合农民工，通常银行客户经理会根据农民工具体情况帮助农民工购买理财产品。

最后，如果农民工有些暂时不需要用的钱，可以去买一些类似于储蓄性质的保险产品。现在银行里有许多这样的产品，有长期也有短期，既能保障农民工的身体健康，又能得到一份不错的收益，并且还包含保险在

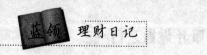
里面。

如果通过银行帮助理财，那么银行就成为受托人，这时，农民工需要认真研究和评估受托人的资质，以降低操作管理风险。评估内容包括受托人的管理理财产品资金的水平，以及该银行是否勤勉尽职，这将直接影响农民工理财收益的实现。

理财必知

虽然现在的理财产品市场异常活跃，但是有很大一部分农民工却一直游离于理财产品市场之外。从农民工普遍存在的现象中，不难看出问题所在。目前，农民工大致有以下 7 种现象：

一是挣钱就花。有的农民工缺乏理财观念，苦日子过久了，一旦有了钱，就大手大脚地花，从吃喝到穿戴，想买什么就买什么，没有长期打算，等挣的钱花光了就去借，身上有永远还不完的债。

二是喝酒打牌。有的农民工挣了钱，春节回到家里，大有"衣锦还乡"的感觉，觉得一年辛苦，该是放松休闲的时候了。于是就整天喝酒，通宵打牌，把一年的辛苦钱都"赌"在了牌桌上，最后两手空空。有的因为赌博甚至欠下外债，闹得夫妻争吵、家庭不和。

三是攀比消费。有的农民工长期形成一种攀比心理，人家有的，自己也一定要有，不管需要不需要，盖楼、进饭店、穿名牌、修祖坟等，在互相攀比中把自己的血汗钱消耗掉。

四是存款获利。有的农民工省吃俭用，挣多少存多少，连自己的必需消费都省之又省。

五是合理理财。多数农民工都是辛苦挣钱、合理消费，该花的就花，该节省的就节省，无论是孩子上学，还是盖房子、赡养老人、礼尚往来、存储投资，都有长期的理财思想，关键时刻能拿出钱，平日里又有钱花，真正做到了"手里有钱，心里不慌"。

六是投资做买卖。有的农民工打工积攒了一些钱，就想把钱用在投资做买卖上，有的看准了项目，真的就挣了钱；有的因为市场信息不灵，资金有限，规模小，结果把打工赚的钱赔了进去。

七是放高利贷。有的农民工为了贪图高利息，就把打工多年积攒的钱用于放高利贷。由于高利贷不受国家法律保护，加之不知贷款人的底细，往往最后血本无归。

针对上述7种现象，理财专家表示，农民工也要有强烈的理财意识，不应做理财的"边缘人"。农民工理财要有计划，摸清家底，估算收入，制订计划，合理理财，明智消费。具体建议运用以下理财策略：

第一，记录财务情况

能够衡量就必然能够了解，能够了解就必然能够改变。如果没有持续的、有条理的、准确的记录，理财计划是不能实现的。因此，在开始制订理财计划之初，详细记录自己的收支状况十分必要。一份好的财务记录可以衡量自己所处的经济地位，这是制订一份合理理财计划的基础，也能有效改变现在的理财行为，还能衡量接近理财目标所取得的进步。

特别需要注意的是，做好财务记录，还必须建立一个档案，这样就可以知道自己的收入、花销和负债情况。

第二，明确价值观和经济目标

了解自己的价值观，可以确立经济目标，使之清楚、明确、真实并具有一定的可行性。缺少明确的经济目标和努力方向，便无法做出正确的预算；没有足够的理由约束自己，也就不能达到自己所期望的两年、20年甚至更远的奋斗目标。

第三，确定净资产

一旦财务记录做好了，那么算出净资产就会很容易，这也是大多数理财专家计算财富的方式。

为什么一定要算出净资产呢？因为只有清楚每年的净资产，才会掌握自己又朝理财目标前进了多少。

第四，了解收入及花销

一般人都知道自己挣多少钱，但很少有人清楚自己的钱是怎么花掉的，甚至不清楚自己到底花出多少钱。没有这些基本信息，就很难制定预算，并以此合理安排钱财的使用，搞不清楚什么地方该花钱，也就不能在花钱上做出合理的安排。

第五，制定预算，并参照实施

财富并不是指挣了多少，而是指还有多少。听起来，做预算不但枯燥、烦琐，而且好像太做作了，但是通过预算可以在日常花费的点滴中发现各种款项的去向。并且，一份具体的预算对实现理财目标有好处。

第六，削减开支

很多人在没理财时都抱怨自己拿不出更多的钱去投资，从而影响实现其经济目标。其实经济目标并不是依靠大笔投入才能实现。削减开支，节省每一块钱，即使很小数目的投资，也会带来一定的收益，例如：每个月多存100元钱，结果如何呢？如果24岁时就开始投资，34岁时，应该是多少呢。投资时间越长，复利的作用就越明显。随着时间的推移，储蓄和投资带来的收益更是显而易见。所以投资开始得越早，存得越多，收益就越多。

第七，学会投资

项目投资要可靠，选对项目很重要。其实仔细分析一下市场，农民工的投资项目有很多，诸如购买理财产品、大棚种植、人工养殖、开店、学技术，等等。关键是两点：一是要有投资意识，二是要有科学的投资策略，这两点非常重要。

以上7个理财策略，恐怕是对农民工的提醒，可以帮助农民工开始自己的理财生活。好的开始，是成功的一半。

储蓄篇 积少成多，储蓄有妙招

　　储蓄是较简单也是风险较低的一种理财方式，几乎每个蓝领家庭都在使用。或许大多数人都认为，储蓄方法只有两种：定期和活期。其实不然，储蓄也有窍门，存款方法灵活多样，储户如果能根据自己的财务状况选择适宜的储蓄方式，或将其进行有序组合、合理配置，便能获得一些意想不到的收益。

储蓄是理财之首选

储蓄存款与债券、股票相比，具有收益高而风险低的特点。同时，存款储蓄具有为国家积累资金、调节市场货币流通、培养科学生活习惯的作用。

储蓄不仅具有支援国家建设的作用，对收入不高的蓝领来说，它还是低风险高收益的理财首选，并能养成良好的个人消费习惯。

理财案例

姓名：张晓嫣
年龄：40 岁
职业：私企工人
月薪：4000 元

4 月 1 日，多云。

我是一个思想很保守、很谨慎的人，前些年，经济过热，炒股盛行，我周围的很多人都多多少少拿出些钱购买了股票，加入到炒股大军中。当时我对此丝毫不感兴趣，认为投资啥也比不上把钱存到银行保险。于是，在别人炒股炒得热火朝天的时候，我将自己辛辛苦苦积攒了一辈子的 6 万元全部存到了银行。

在 5 年的时间里，股市一路走高，年收益率始终在攀升。高收益率吸引了越来越多的人投身股市，并靠着炒股从中取得了丰厚的收益。而我在银行存的那6万本金按照当时银行的年利率，得到的收益却少得可怜，虽然保本并小有稳妥增值，但是相对于股市收益率来说还是少了很多。5年后，我依然守着那6万元多一点的储蓄过着同样的生活。

又过了5年，金融危机的爆发让濒临崩盘的股市雪上加霜，在这种情况下，很多人的钱都被"套牢"，生活越来越显得举步维艰。那些曾经靠着炒股发家致富的人，几乎又是在一夜之间变得一贫如洗了，很多人还因此背上了沉重的债务……而我的6万元多一点的储蓄在银行里非但没有受到丁点儿的损失，还继续以一定的年利率稳健升值。

专家建议

从张晓嫣的故事中，大家一眼就能看出储蓄的优缺点。

一方面，储蓄的安全性高，风险很小，因此储户不会因为银行经营问题而蒙受损失，更不会因为金融危机等外部经济状况变动而取不出钱来。

另一方面，储蓄的收益率低，升值缓慢，当经济过热或者股票市场形势一片大好时，储蓄收益是绝不能与股票、债券等收益率高的投资产品相媲美的，因此，常常会让储户有一种"错失良机"的感觉。那么，应该怎样看待储蓄呢？储蓄存款到底应该怎样分配才最合适呢？

一般而言，一个家庭的储蓄存款额应该占这个家庭总收入的25%到30%，这样分配的储蓄存款才能起到规避金融风险、为家庭储备应急财产的作用。同时，一定要明确地认识到，这部分储蓄是应对不时之需的，因此不能轻易动用，只有坚持"只进不出"，才能积少成多，慢慢形成一笔可观的家庭财富。

另外，在银行储蓄存款，不同的储种有不同的特点，不同的存期会获得不同的利息。活期储蓄存款适用于生活待用款项，灵活方便，适应性强；定期储蓄存款适用于生活节余，存期越长，利率越高，计划性较强；零存

整取储蓄存款适用于余款存储，积累性较强。

在选择存款种类、期限时不能随意确定，应该根据自己的消费水平以及用款情况确定。此外，现在银行储蓄存款利率变动比较频繁，每个人在选择定期储蓄存款时尽量选择短期。

储蓄窍门

储蓄在家庭生活中是必要的理财方式。储蓄的必要性主要表现在安全性高、形式灵活、可以继承、操作简易这四个方面。

第一，储蓄的安全性高

储蓄存款的安全性很高，风险也是所有投资产品中最小的，甚至可以说没有风险。这些优点对于相对保守的人来说不能不说是一种诱惑，因此，把钱存入银行就成为对待家庭剩余财富的首要选择。

另外，我国法律也对此作出了明确规定："国家保护公民的合法收入、储蓄、房屋和其他合法财产的所有权。保护公民的储蓄是国家保护公民所有权的重要组成部分。储户的存款完全归存款人自由支配，任何人和任何机构都不得以任何理由予以侵犯……"这样一来，储蓄就成为一种受国家法律保护、最为安全可靠的理财途径。

新中国成立以来，我国还从来没有出现过因为银行经营问题而导致储户受损的案例，这样的安全性，是其他任何投资产品都无法抗衡的。所以说，只要选择可靠、合法的金融机构，储蓄就可以称得上是一种零风险的理财手段。

第二，储蓄的形式灵活

储蓄存款的形式灵活多样，可供储户自由选择的余地很大。一般来讲，普通的家庭储蓄形式主要有活期、定期、零存整取、存本取息、整存整取、通知存款、定活两便等多个品种，储户可以按照自己的实际需要灵活选择储蓄形式。

另外，储蓄存款的形式灵活多样还表现在实际操作上，如果距离银行比较远，储户可以进行网上操作，足不出户就能选择储蓄形式以及查询相关信息，方便快捷。

第三，储蓄可以继承

储蓄存款可以合法继承。"天有不测风云，人有旦夕祸福"，现实中，人们往往会遇到一些意想不到的事情，甚至会遭遇突发事件导致存款人死亡。因此，为了保护存款人的合法权益，让存款人的财产得到合法有效的处置，《中华人民共和国继承法》第三条规定"遗产是公民死亡时遗留的个人合法财产，包括……（二）公民的房屋、储蓄和生活用品……"中国人民银行、最高人民法院、最高检察院、公安部、司法部发布的《查询没收个人存款及存款人死后过户手续的联合通知》也作出了相关规定："存款人死亡后，合法继承人为证明自己的身份和有权提取该项存款，应向当地公证处（尚未设立公证处的地方向县、市人民法院，下同）申请办理继承权证明书，银行凭以办理过户或支付手续。如该项存款的继承权发生争执时，应由人民法院判处。银行凭人民法院的判决书、裁定书或者调解书办理过户或支付手续。"

第四，储蓄操作简易

储蓄存款操作简单，易于掌握。相对于其他投资理财产品来说，储蓄存款不需要储户掌握专业的投资知识，也不需要理解太多复杂的专业术语和金融词汇，储户只要将钱存入银行，就会得到银行一系列的相应配套服务，这些权利对于每一位储户都是平等的，因此操作起来十分简单，易于被广大储户所掌握。

近年来，随着网络的普及和应用，网上银行也呈现出繁荣发展的态势，储户只要按照相关说明一步步进行操作，就可以轻松实现网上转账、网上

支付、网上交易等一系列活动，足不出户地享受现代化带给人们的方便与快捷。

另外，信用卡的使用、异地存款业务的开办都在很大程度上方便了储户和投资者，让储蓄变得更加深入人心。

基于以上优势，银行储蓄在家庭投资理财方式中一直占据着不可撼动的地位，绝大部分人在选择理财投资方式时都会将这种最为稳妥、最为安全可靠的理财方式作为首选。但是，储蓄并不是一种十全十美的理财方式，它也有一定的局限性。

储蓄理财有窍门

在储蓄存款低息和储蓄仍然是大众投资理财首选的时期，储蓄技巧显得很重要，它将使储蓄存款保值增值效果达到最佳优化。

储蓄是较简单也是风险较低的一种理财方式，几乎每个家庭都在使用。但储蓄也有窍门，存款方法灵活多样。比如"七天存款通知"方式，它比普通流动账户的活期利率高。而且是复利计息，提前七天就可取款，流动性很强。

理财案例

姓名：童军

年龄：28岁

职业：家电制造厂工人

月薪：4000元

4月1日，多云。

针对储蓄定活之间的选择，要谨防"仅第七天有效"陷阱。

我这样说是有根据的。同样是七天通知存款，我不久前刚得到过一个教训，损失了不少利息，也让我看清其中的陷阱。

2008年10月底，我在G银行存入7万元的七天通知存款。

2010年5月9日，我按照七天的约定通知G银行柜台，准备悉数支取账户里的本金和利息，打算转存到S银行。

七天后，也就是5月16日，我来到G银行柜台办理取款，除了这7万元之外还取了其他的存款，共计9万元。

因为要求取现金且数额较大，于是银行方面建议开本票支取。不过由于只能在周一至周五开本票，当天并未顺利取得钱款。不得已，我又在5月18日上午再次去了G银行。该银行柜台开具本票后，我发现回单上显示，7万元这半年多以来的七天存款利息只有不到150元，而我根据"七天"的利率粗略计算了一下，利息实际应该差不多有600元。

我非常疑惑，于是致电G银行投诉，认为利息计算有误造成了我的损失。银行方面回应，该银行七天通知存款一定要在通知后的第七天当天取款，否则整个存期都计为活期，正是因为我取款日超过了电话后的第七天，按照规定是按活期利息计算。

我对这样的解释非常不满：银行方面并没有告知我只有"第七天"取款才有效，并且银行明明知道开本票要耽误几天时间，也没有告知我由此会造成利息损失。但银行方面坚持表示，如此执行是在统一原则规定下按照标准流程执行的，因此不能为此负责。

几番纠缠之后，最终，银行方面虽然就工作人员未能尽提醒义务向我道了歉，但拒绝赔偿利息损失。

按照当时的七天通知存款利率1.35%计算，我应得的利息为70000×1.35%/365×212=548.9（元）。但是按照当时的活期利率计算，我应得的利息为70000×0.35%/365×212=142.3（元）。前后一比，我应得的利息足足少了406.6元。

你看，这不是陷阱是什么！

相信绝大部分中国人非常了解"储蓄"，但储蓄并不意味着是理财，懂赚钱、懂花钱、懂理财，这样的人才算得上"高财商"。通过这次经历，我对储蓄又有了新的了解和认识。

专家建议

童军的案例比较典型。对于童军这样的情况，一般来说，储蓄通过柜台预约取款，如果在预约取款日不能去柜台取现金的，可以通过电话银行把卡内的通知存款转活期备用金，或者通过电话银行做预约，则到取款日自动转活期备用金，避免逾期未取造成损失。

除此之外，一些银行的智能型七天存款可办理自动转存功能，以七天为单位进行一轮轮的滚动式存储，最后不满七天的部分则按照活期利息计算，可有效避免利息损失。

实际上，近期银行推出的这些产品基本上都是基于银行原有的"七天存款通知"演变而来的。之所以说银行推出的七天理财产品是"变种"的人民币理财产品，主要是因为这类理财产品与七天存款通知的特点高度相似。

七天存款通知是一个"老"品种。通知存款是一种介于定期与活期存款之间的储种。所谓"通知存款"，是一种不约定存期、支取时需提前通知银行、约定支取日期和金额方能支取的存款。个人通知存款的最低存款金额为5万元。个人通知存款不论实际存期多长，按存款人提前通知的期限长短划分为一天通知存款和七天通知存款两个品种。一天通知存款必须提前一天通知约定支取存款，七天通知存款则必须提前七天通知约定支取存款。

储蓄窍门

许多人经常抱怨目前的储蓄方式优缺点太过明显，那么，有什么方式可以实现合理配置呢？理财专家提供了以下储蓄窍门：

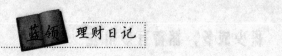

第一，阶梯存储法

阶梯存储法有以下几种方法：

一是把钱存成一笔多年期的方法。此法流动性强又可以获得高利息。比如手中有 5 万元，可分别用 1 万元开一年期，1 万元开两年期，1 万元开三年期，1 万元开四年期，1 万元开五年期，一年后，就可以用到期的 1 万元再去开设一个五年期存单，以后年年如此。5 年后，手中所持有的存单全部为五年期，只是每个存单到期的年限不同，依次相差时间为一年。

二是存单四分存储法。如果现在手里有 1 万元并且在一年内有急用，并且每次用钱的具体金额和时间不确定，那就最好选择存单四分法。即把存单分为四张，即 1000 元一张、2000 元一张、3000 元一张、4000 元一张，这样，想用多少钱就用多少钱的存单。

三是交替存储法。如果手里有 5 万元，不妨把它分为两份，每份 2.5 万元，分别按半年期、一年期存入银行。如果半年期存单到期，有急用便取出，如果不用便按一年期再存入银行。以此类推，每次存单到期后都存为一年期存单，这两张存单的循环时间为半年，如果半年后有急用可取出任何一张存单，这种储蓄方法不仅不会影响家庭急用，也会取得比活期高的利息。

四是选择合理的存款期限。在利率很低的情况下，由于一年期存款利率和三年期、五年期存款利率相差很小，因此个人储蓄时应选择三年期以下的存期。这样可方便把储蓄转为收益更高的投资，同时也便于取钱时利息不受损失。

五是选择特别储种。如银行已开办的教育储蓄，有小孩读书的家庭均可办理，到期后凭非义务教育（高中以上）的录取通知书、在校证明，在征收利息税的时期可享受免利息税优惠政策。三年期的教育储蓄适合家里有初中以上学生的家庭，六年期的适合有小学 4 年以上学生的家庭。

六是少存活期。同样存钱，存期越长，利率越高，所得到的利息就越多，如果手中的活期存款一直较多，不妨采用定活两便或零存整取的方式，一年期的利率大大高于活期利率。

阶梯存储法可使年度储蓄到期额保持平衡，既能应对储蓄利率的调整，又可获取三年期存款的高利息，适合蓝领家庭。

第二，组合存钱法

组合存钱有以下几种方法：

一是连月存储法。每月将节余的钱存一张一年期整存整取定期储蓄，存满一年为一个周期。一年后第一张存单到期，便可取出储蓄本息，再凑个整数，进行下一轮的周期储蓄，以此循环往复，每月都可有一定数额的资金收益，储蓄额流动增加，家庭积蓄也随之增多。连月存储法较为灵活，每月存储额可视家庭经济收益而定，无须固定。一旦有资金急需之用，只要支取到期或近期所存的储蓄就可以了，这样可以减少利息损失。

二是组合存储法。这是一种木息与零存整取组合的储蓄方法。如果手里有 5 万元，可以选择存本取息储蓄户，一个月后，取出存本取息储蓄的第一个利息，再开设一个零存整取储蓄户，随后将每月的利息存入零存整取储蓄。这样不仅可以得到存本取息储蓄利息，而且其存入零存整取储蓄后又获得了利息。

三是自动转存。目前，各银行都推出了自动转存服务。储蓄时，应与银行约定进行转存，这避免了存款到期后不及时转存，逾期部分按活期计息的损失；另一方面是存款到期后，如遇利率下调，未约定自动转存的，再存时就要按下调后利率计息，自动转存的，就能按下调前较高的利率计息。如到期后遇利率上调，也可取出后再存。

第三，12 存单法

每月提取工资收入的 10% ~ 15% 做一个定期存款单，切忌直接把钱留在工资账户里，因为工资账户一般都是活期存款，利率很低，如果大量

的工资留在里面，无形中就损失了一笔收入。

每月定期存款单期限可以设为一年，每月都这么做，一年下来就会有12张一年期的定期存款单。当从第二年起，每个月都会有一张存单到期，如果有急用，就可以使用，也不会损失存款利息；如果没有急用这些存单可以自动续存，而且从第二年起可以把每月要存的钱添加到当月到期的这张存单中，继续滚动存款。

12存单法的好处在于，从第二年起每个月都会有一张存款单到期，如果不用则加上新存的钱，继续做定期。既能比较灵活地使用存款，又能得到定期的存款利息，是一个两全其美的做法。假如能这样坚持下去，日积月累，就会攒下一笔不小的存款。相信在每个月续存的时候都会有一份惊喜。

如果有更好的耐性，还可以尝试"24存单法"、"36存单法"，原理与"12存单法"完全相同，不过每张存单的周期变成了两年或三年，这样做的好处是，能按照每张存单两年或三年定期的存款利率，可以获得较多的利息。但也可能在没完成一个存款周期时出现资金周转困难，这需要根据自己的资金状况加以调整。

另外，在运用12存单法的同时，每张存单最好都设定到期自动转存，这样就可以免去多跑银行之苦和利息损失了。

假如把一年一度的"阶梯存款法"与每月进行的"12存单法"相结合，那就是"绝配"了。

第四，零存整取

零存整取一般5元起存，存期分为1年、3年、5年，存款开户金额由储户自定，每月存入一次，到期支取本息，其利息计算方法与整存整取定期储蓄存款计息方法一致。中途如有漏存，应在次月补齐；如未补存则视为违约，只能以活期利率计算利息。由于零存整取不能办理部分提前支取，因此在存钱之前应根据自己的情况做好规划。

对于蓝领阶层来说，最好的办法是零存整取，这可以说是一种强制存款的方法，每月固定存入相同金额的钱。建议不想做"月光族"的朋友可以选择这种方法，养成一种"节流"的好习惯，严格控制自己的消费，做一个放弃感性消费，实现理性消费，脱离"月光族"的人。

第五，整存整取定期储蓄

整存整取定期储蓄储种特点是 50 元起存，存期分为三个月、半年、一年、二年、三年和五年六个档次。本金一次存入，银行发给存单，凭存单支取本息。在开户或到期之前可向银行申请办理约定转存业务。存单未到期提前支取的，按活期存款计息。

定期存款适用于生活节余且较长时间不需动用的款项。如在 20 世纪 90 年代初的高利率时代，存期要就取"中"，即将五年期的存款分解为一年期和二年期，灵活安排，然后滚动轮番存储，如此可因利生利而收益效果最好。在如今的低利率时期，存期要就"长"，能存五年的就不要分段存取，因为低利率情况下的储蓄收益特征是"存期越长、利率越高、收益越高"。

当然对于那些较长时间不用，但不能确定具体存期的款项最好用"拆零"法，如将一笔 5 万元的存款分为 0.5 万元、1 万元、1.5 万元和 2 万元四笔，以便视具体情况支取相应部分的存款，避免利息损失。例如预见到将要利率调整时，刚好有一笔存款要定期，此时如果预见到利率调高则存短期；如果预见到利率调低则存长期，以让存款赚取高利息。

此外，还要注意巧用自动转存（约定转存）、部分提前支取（只限一次）、存单质押贷款等理财手段，避免利息损失和亲自跑银行转存的麻烦。

第六，定活两便储蓄

定活两便储蓄的储种特点是 50 元起存，可随时支取，既有定期之利，又有活期之便。开户时不必约定存期，银行根据存款的实际存期按规定计息。实际存期在 3 个月以内（不含 3 个月）的，其利息按销户时的活期利

率计算，实际存期在 3 个月以上（含 3 个月）的，按销户时的同档次整存整取定期存款利率打 6 折计算。

定活两便储蓄存储技巧，主要是要掌握支取日，确保存期大于或等于 3 个月，以免利息损失。

第七，注意储蓄细节

一是密码勿选"特殊"数。很多人会为存款加密码，却不能很好地选择密码。如有的人喜欢选用自己记忆最深的生日作为密码，这样就没有很高的保密性，生日通过身份证、户口簿、履历表等就可以被他人知晓。所以，在选择密码时一定要注重科学性。

在选择储蓄密码时，最好选择与自己有着密切关系，但又不容易被他人知晓的数字。

二是大额现金分开存。很多人喜欢把到期日很接近的几张定期储蓄存单等一起到期后，拿到银行进行转存，让自己拥有一张大存单，或是拿着大笔现金，到银行存款时只开一张存单。虽然这样做便于保管，但从人们储蓄理财的角度来看，这样做不妥，有时也会让自己无形中损失"利息"或带来不便。

我国《储蓄管理条例》除规定定期储蓄存款逾期支取逾期部分按当日挂牌公告的活期储蓄利率计算利息外，还同时规定定期储蓄存款提前支取，不管存了多长时间也全部按当日挂牌公告的活期储蓄存款利率计算利息。如此就会形成定期储蓄存单未到期，一旦有少量现金使用也得动用大存单，那就会有很大的损失。正确的方法是，假如有 1 万元进行存储，可分四张存单，分别按金额大小排开，如 4000 元、3000 元、2000 元、1000 元各一张，这样一来，一旦遇到急用钱，利息损失才会减小到最低限度。

三是到期及时支取。我国《储蓄管理条例》规定，定期储蓄存款到期不支取，逾期部分全部按当日挂牌公告的活期储蓄利率计算利息。但现在有很多人却不注意定期储蓄存单的到期日，往往存单已经到期很久了才去银行办理取款手续，这样就损失了利息。因此，个人存单要经常看看，一旦发现定期存单到期就赶快到银行支取，以免损失利息。

四是存单仔细保管。现在很多人在存单（折）保管上不注意方式。在银行储蓄后，不是把存单专门保管，而是有的放到抽屉里，有的夹在书本里，时间长了就不免会忘记。正确的保管方式是，把存单放在一个比较隐蔽的地方，同时，不要将存单，特别是活期、定活两便存折存放在被小孩子或他人很容易取到的地方。

第八，低利率时的储蓄窍门

在低利率时期，为了使储蓄理财能赚取更多的利息收入，储户应在存款期限、存款金额和存款方式上注意以下几点。

一是合理选择存款期限。储蓄存款的期限既不要太长也不要太短。对于临时需要用钱的储户，最好采用连月存储法，即储户每月存入一定的钱款，所有存单年限相同，但到期日期分别相差一个月。连月存储法能最大限度地发挥储蓄的灵活性，储户临时需要用钱，可支取到期或近期的存单，且能减少利息损失。

二是用"七天通知存款"打理"闲钱"。"七天通知存款"是一种介于活期存款和定期存款之间的存款业务，储户存入资金后，可以获得比活期存款更高的利息，但比一年期定期存款的利息稍低一些，提取存款需提前七天通知银行。因此，对于一笔不能确定用途和用时的"闲钱"，储户可利用"七天通知存款"来提高利息收益。

三是用"阶梯存储"应对利率调整。以20万元为例，2万元存活期，便于随时支取；另外18万元分别存一年期、二年期、三年期定期储蓄各6万元。一年后，将到期的6万元再存三年期，以此类推，三年后持有的存单则全部为三年期，只是到期的年限不同，即依次相差一年。

总之，储蓄理财不分金额大小，关键要看方法和技巧，聚沙成塔才是储蓄理财的最高境界。

做好教育储蓄规划

由于教育储蓄免证利息税（现已不证利息税），并有利率优惠，如果适当确定存款金额和掌握存取的技巧，对于家长而言教育储蓄会避免成为"孩儿奴"的理想理财投资产品。

对于很多家长来说，不断上涨的学费是他们的一块心病。由于教育储蓄主要是用于子女教育投资，对于蓝领家庭来说，这种"由小积大"的教育金虽然收益略为保守，但相比其他理财产品，风险却几乎为零。

理财案例

姓名：王莹

年龄：35 岁

职业：私企会计

月薪：5000 元

4月3日，晴，微风，穿衣指数4级。

要想望子成龙，就要未雨绸缪，当然更要及早准备理财计划，确保他们日后获得最好的教育。其实这也是我们每个做父母的心愿。

我曾经参加过两期理财课程培训，自我感觉颇有心得，不仅培养了我的自信心，更使我的理财能力大大提高，自己的教育投资规划越来越清晰了。想了很长时间，今天就把自己的教育储蓄计划晒一晒，但愿能帮助姐妹们做出精明决定，实现让孩子顺利接受高等教育的心愿。

我的女儿今年8岁，读小学二年级。我自己算了一笔账：从小学到留学加拿大读大学，可以用于教育的总费用约为85.8万元。其中小学包括学费及才艺、课外教育支出，中学包括涉外班费用，留学费用则按每年20万元计划。我目前已经积蓄了2万元用于教育费用支出，并且每月还可存入银行3000元。正常储蓄14年的储蓄额50.4万元加上原来的积蓄2万元，共计资金总额为52.4万元，目前看来还有33.4万元的缺口。

不算不知道，一算吓一跳！怎样弥补这个缺口呢？我决定调整我的投资方针：采用了积极型投资组合，投资侧重于股票型基金和混合型基金，将每月3000元以定期定额方式投资，2万元教育积蓄投资债券型基金。

具体方案是这样的：在女儿入读小学四年级时，我侧重于股票型基金和混合型基金，准备办理教育储蓄存款，这样可以享受国家教育储蓄优惠政策，投资组合的收益率达到12%以上。

在中学阶段，随着短期目标的实现和长期目标的接近，我的投资策略将逐渐由积极型转为稳健型，投资侧重于基金、国债、银行理财产品等收益适中、风险度低的理财产品，这样的投资组合，其收益率应在8%左右。

到了留学阶段，所需费用已基本足够。那时，我的投资重点将偏向于安全性和流动性均较高的债券型理财产品、货币基金和储蓄存款等，目标收益率能达到4%即可。

经过调整，我的收益率一个是12%以上，一个是8%左右，一个是4%，我想我的计划是合理的，收益是可观的，而我的目标是完全可以实现的。

为实现目标，加油！

专家建议

王莹的教育储蓄理财规划非常合理！她能够在理财过程中考虑到家庭收入、教育费用或通货膨胀等因素影响，并根据具体情况改变理财工具的选择与运用，选择了最适合她自己的理财方式。

教育理财规划需要考虑 3 个问题：一是教育费用是没有时间弹性的家庭支出；二是教育费用是没有费用弹性的家庭支出，三是教育费用是阶段性高消费的家庭支出。教育理财规划应该经过家庭财务分析、制订理财方案、执行理财方案 3 个步骤。

储蓄窍门

作为长期教育金的积累方式，教育储蓄不用特别考虑其流动性。而相比之下，学生家庭选择三年期、六年期教育储蓄存款往往更合算。

第一，全面了解教育储蓄

教育储蓄是指个人按国家有关规定在指定银行开户、存入规定数额资金、用于教育目的的专项储蓄，是一种专门为学生支付非义务教育（指九年义务教育之外的全日制高中、大中专、大学本科、硕士和博士研究生）积蓄资金，促进教育事业发展而开办的储蓄。

教育储蓄的储种特点是 50 元起存，存期分为 1 年、3 年、6 年 3 个档次。存储金额由储户自定，每月存入一次（本金合计最高为 2 万元）。该储种对象为小学四年级以下的学生，销户时如能提供正接受非义务教育的学生身份证明，则能享受利率优惠和免利息税（现已不征利息税）的优惠，否则按零存整取储种计息。总之，教育储蓄具有"客户特定、存期灵活、总额控制、利率优惠、利息免税"的特点。

应当注意的是，如果不能提供储户本人被录取（普通高中、大中专、大学本科、硕士和博士研究生）的通知书，或这些学校开具的储户本人在校就读的证明，就不能享受教育储蓄的利率优惠和免征利息税（现已不征利息税）优惠，其存款就按一般储蓄业务办理。也就是说，开办了教育储蓄的账户，在孩子没有考上高中、大学、未能接受非义务教育，到期支付教育储蓄存款时，不能享受利率优惠。

第二，要区分是义务教育还是非义务教育

《教育储蓄管理办法》第七条规定：教育储蓄为零存整取定期储蓄存款，开户时储户与金融机构约定每月固定存入的金额，分月存入，但允许每两月漏存一次。因此，只要利用漏存的便利，储户每年就能减少六次跑银行的劳累，也可适当提高利息收入。但有人违背了"零存"的要求，钻"分月存入"的空子，将2万元的存款总额在头几个月分两三次就存足了；虽然这种方法可以提高利息收入，但是违反了《教育储蓄管理办法》，建议储户不要用此法，做个"君子爱财，取之有道"的守法理财人。

因为教育储蓄上述特殊的规定，储户在选择教育储蓄的存期时，就要考虑到初二以下年级的学生不能选择一年期教育储蓄，而应选择六年期的；三年期的适合初中以上学生；一年期适合初三（含初三）以上的学生（义务教育指小学一年级到初中三年级九年）。

第三，合理选择存款金额和存款期限

由于教育储蓄每一账户本金合计最高限额为2万元，因此，三年期的教育储蓄平均每月最高存入金额为555.55元，六年期的为277.77元，在限额内本金越大，享受的利率优惠越充分。

尽量选择三年期、五年期教育储蓄存款。一般来说学生从接受义务教育过渡到非义务教育的费用也不会一下子猛增到令家庭难以承受的程度，所以通常不要选择与子女结束义务教育时间相同的存期，如子女尚有一年即上高中，倘若选择一年期的教育储蓄是极为不科学和不经济的。

一般来说，三年期教育储蓄适合初中以上学生，当升入高中或大学时就可以在存款到期时享受优惠利率并及时派上用场。六年期则适合小学四年级以上学生，作为孩子上高中的后备储金。

别让外币储蓄 "缩水"

虽然银行已开办了外汇结构性存款等多种外汇投资理财品种，可是多数人还是觉得参加外币储蓄才是最安全的投资理财方式。然而，参加外币储蓄也有参加外币储蓄的窍门。

如果提起人民币储蓄的一些学问和技巧，恐怕每个人都能列举一二。然而，若换成个人如何进行外币储蓄，恐怕就没有那么多人精于此道了。如何让自己的外汇资产升值，是许多外汇持有者思考的问题。

理财案例

姓名：王博

年龄：35 岁

职业：物流运输工人

月薪：4000 元左右

4 月 5 日，多云转晴。

我是个物流运输工人，因为平时在和客户打交道过程中，客户往往会以外币形式支付一部分定金，因此积攒了不少外币，既有美元，还有日元、欧元、澳元。

据我所知，目前市面上发行的浮动利率外汇理财产品基本以外汇结构性存款为主，其中外汇衍生品主要有外汇期权交易和外汇掉期交易。外汇结构性存款按照挂钩标的主要与利率和汇率挂钩。另外，一些产品与一些大宗商品、农产品等挂钩。但是，浮动利率外汇理财产品的收益要远远高于定期存款和保本型外汇理财产品，不过风险也比它们大。

现在，我把这些外币全部以活期的形式存在银行，但我私下也在寻思：自己的外币越来越多，有什么好的投资渠道让这些资产保值增值呢？

专家建议

像王博这样的人，可以购买银行发行的浮动利率外汇理财产品。实际上这种产品风险并不像王博想象的那么大，而收益却比定期存款高许多。

目前，国内发行的浮动利率外汇理财产品多以三个月、半年、一年等期限的短期产品为主。因美元的利率处于历史低位，美元隔夜拆借利率非常之低，从而导致目前美元的理财产品收益率普遍较低，且未来变化的概率比较大，因此目前的外币理财产品主要以短期为主。

储蓄窍门

人民币汇率的持续攀升，导致不少外币持有者面临着资产"缩水"的威胁。那么，如何妥善处置手头的外币以规避人民币升值带来的风险呢？

第一，巧妙选定储蓄存期

近期存储外币，宜采用"短平快""追涨杀跌""少兑少换"等方法。目前个人外币储蓄存款起存期分为活期、一个月、三个月、六个月、一年、二年6个档次，按《外币储蓄存款条例》的规定，存期越长利率越高，期

满按存入时挂牌利率计息。逾期按活期利率计息。

另外，各外币存款的利率受各国政治、经济因素的影响，人民银行对其经常进行不同的升降调整，如近两年对美元、港币的存款利率调整较频繁，美元存款利率经历了升、降、再升的调整过程，而港币存款利率则基本上经历了降、升、降、再升的过程。

基于此，首先，存期选择应"短平快"。一般不要超过一年，以三到六个月的存期较合适，一旦利率上调时或之后不久，就可以到期转存。其次，存取方式应"追涨杀跌"。这是因为在一般情况下，当某外币存款利率拾级上升，将会有一段相对稳定的时间；而当其震荡下降时，也将会有一段逐级盘下的下降过程。所以，一方面当存入外币不久遇利率上升时，应立即办理取出重存。虽说已存时间利息按活期计算有损失，但以后获得的利息收入足可大大地高于损失。

当已存外币快到期遇利率上升时，这时便可放心地等期满支取后再续存。这样既能获得原到期利息，又能获得高利率起存机会。如果存期内遇利率下调，并超过了预先设定的心理止损价位，而且其汇率也出现了震荡趋降的走势时，就不能心疼因提前支取所造成的利息损失，而应果断提前支取"杀跌"，并将其兑换成其他坚挺的货币存储，以避免造成更大的利息损失。

比较而言，如果利率在相对稳定且较高时，则选择存期长一些的定期外币储蓄，如一年期、二年期外币储蓄。

第二，币种兑换应"少兑少换"

一是由于目前人民币在资本账户还不能自由兑换，当换存人民币的收益小于直接存外币时，不要轻易兑换，因为一旦将外币换成人民币以后，若再想换回外币是比较困难的，即所谓的"外币换本币容易，本币换外币很难"。建议还是将有限的外汇存入银行为好。

二是银行对外币与本币之间、外币与外币之间的兑换要收取一定的兑换费用，并且银行在兑换时是按"现钞买入价"收进，而不是按"外汇卖出价"兑换，前价要低于后价许多，储户将有一定的损失。有时候汇兑的损失甚至会超过利息的差额收入，所以应尽量减少兑换次数，一定要仔细算账，三思而后行。

三是将人民币通过黑市兑换成外币存入银行以保值的做法，实在是一种得不偿失的做法，尤其是许多外币根本就没有人民币的利率、汇率坚挺，不如存人民币合算。而且黑市上的外汇价格不但高，还有很大的假币风险。一些人不了解国家的外汇政策，用高出外汇牌价很多的价格购买外汇，往往付出了很高的代价，而且这种私下交易过程一旦出现纠纷，是得不到国家法律保护的。

第三，掌握一些外汇储蓄窍门

一是与银行约定自动转存。有了与银行的这种约定，外币储户即使一时忘记转存，自己的定期外币储蓄也不会损失掉不应该损失的利息。

二是学会"率比三家"。因中央银行对短期外币定期储蓄利率的调整，规定各银行可以在中央银行规定的利率上限内进行自行调整，储户在存储外币储蓄存款时如果不"率比三家"，可能就会吃亏了，从而减少利息收益。

三是合理用好现钞、现汇账户。因为"现钞账户"业务需要缴纳一定数额的手续费，所以外币储户切不要把"现汇账户"里的钱轻易转入"现钞账户"，应该用多少现钞取多少现钞，以免给自己带来不必要的损失。

充分利用工资卡理财

  许多人并没有充分利用工资卡来理财，使工资卡在某种程度上"沉睡"了。现在银行转账、跨行转账等功能逐渐完善，工资卡可以实现更多的功能。选对了合适的理财产品，工资卡也可以成为创造财富的一个工具。

  对于大部分蓝领人士来说，工资卡毫无疑问是荷包里最重要的一项配备。但是，大部分人对待工资卡的态度都是随取随用，或者等到工资卡内的结余达到一定的数额时，才会集中进行使用或者投资。这种对待工资卡余额的态度，无形之中造成了卡上闲余资金的浪费。其实，巧用工资卡理财也可以提高资金使用效率，并且减少"闲钱"因暂时闲置造成的利息等损失。

理财案例

  姓名：叶欣

  年龄：30 岁

  职业：纺织女工

  月薪：5000 元左右

4月8日，晴。

我打理工资卡的秘诀是运用"五三二理财方程式"，即每月结余的"50%定期存款+30%活期存款+20%的理财产品"。赚钱靠开源节流，但是目前情况下很难开源，只能从节流上做文章。虽然每个月工资有限，但是依靠按比例理财，还是很能积累财富的。

工资卡理财从约定转存开始。定期存款收益要远远超过活期存款，如果每个月将50%存入定期存款，与活期的收益差距超过5倍，这个数据太可观了。

同时，为了提高收益，我还将活期存款存为货币、短期债券基金。一旦活期存款的金额超过了5万元，就自动转为通知存款。

不少银行都有"定期存款"的约定转存业务，只要高于设定金额的资金就可以自动转成存款，使用非常方便，理财专家建议，投资者根据自己的实际需求确定定期存款的期限，通常三个月和半年是较为合适的选择，经过一段时间的积累，资金可以有更多的选择余地。

专家建议

工资是大部分家庭的主要经济来源。很多人不知道，除了用于存、取款这一功用之外，工资卡还可以成为"钱生钱"的多功能卡。在此，理财专家建议：

一是开通网银，盘活资金。利用网银在网上进行水、电、燃气热力、通信服务等费用的自助缴费，以及在网上进行手机充值、网上申购基金、股票资金划转、外汇交易等业务，而不必亲自跑银行去办理。

二是挂钩房贷，轻松还款。办理按揭购房的客户，可将还贷账户与建行代发工资的工资卡绑定，每月需归还的金额就会从工资卡中自动扣除，

避免了由于忘记还款而需要缴纳滞纳金。

三是办理定投，明智理财。工资卡上的资金都是按月存入的。这种情况办理定期存款既不便利也不经济，却非常适合办理基金定投业务。利用每个月工资的结余购买一部分定投基金，可聚沙成塔，积累财富。

储蓄窍门

如今，随着银行转账、跨行转账体系的逐渐完善，一张工资卡可以通过各种转账平台来实现更多的功能。对于月薪只有两三千的蓝领阶层来说，每月进行一定的工资卡理财，一年下来资金也会有不少盈余和增长。那么，如何巧用工资卡，让睡着的钱苏醒呢？

第一，工资卡余钱宜办七天存款

哈佛大学的第一堂经济学课，只教给学生两个概念。第一个是花钱要区分"投资"行为和"消费"行为，第二个概念就是每月先储蓄30%的工资，剩下来的钱才用来消费。先储蓄后消费，会在很大程度上保留可支配收入，不但能够为今后更好的生活奠定基础，也是养成理性消费的重要措施。

我们知道工资卡内的资金基本上都是按活期存款存在卡内的，如果按当前0.50%（2011年7月7日执行，余同）的活期利率计算利息，实在少得可怜。如果能够将卡内一部分资金转换为定期存款，那么，选择定存三个月，利率就增长为2.60%，定存半年利率就上升至2.80%，而选择定存一年，利率就已经高达3.00%，收益大大提高。

目前几乎每家银行都开通了"约定转存"业务。以交行为例。目前推出了"双利账务"的服务，持卡人只需要进行"双利签约"就可开通。该服务要求持卡人自行设定最低流动金额，高出此金额的部分以七天为一个周期进行定期储蓄，利率为1.49%。而七天之后则成为本金加利息进行下一个七天的定存，如此往复，复利效果显著。

第二，开通工资卡网银

网上银行的方便和快捷已经日益凸显，而工资卡的持卡人若能开通银行工资卡的网上银行业务，就能带来很多方便。特别是公共费用的缴纳，会更加及时，不再因为挤不出时间而拖欠水电费，导致白白缴纳一部分滞纳金。

不过也有人表示如果用工资卡开通网银，一旦密码被盗，就更加危险。其实，只要保护好密码和优盾，理论上而言，网上银行是十分安全的。

如果卡主不放心，也可以稍稍麻烦一些，在发行工资卡的银行再开通一张借记卡，将工资卡上的钱转进一部分，用于日常费用支出。这张借记卡由于是活期账户，里面存的钱也不多，无论是随身携带还是开通网银，风险都会比较低。

第三，挂钩信用卡

如果一个人是个粗心的信用卡持卡人，经常由于还款延误被银行罚息，就果断地将工资卡与信用卡挂钩。

将自己的信用卡与工资卡建立起关联账户，是普遍被推荐的还款方式。尤其是与工资卡挂钩，定期存入的工资收入，保证了还款的及时性。长此以往，不仅有利于建立良好的信用记录，同时也省下一大笔罚息费用。

目前几乎每家银行都可以通过关联账户，自动向信用卡还款。而还款方式也有两种选择：一是设定最低还款额度，一般为 10%，每月进行部分偿还；二是全额偿还。

第四，存款利息抵扣房贷利息，享受贷款利率

工行推出了"存贷通"业务，拥有工行借记卡（例如 e 时代卡）的卡主均可开通这项业务。

客户开通"存贷通"的账户以后，可以自行设定一个流动金额上限，

超过上限的资金就自动存入"存贷通"账户。

存在"存贷通"账户里面的资金，可以享受持卡人贷款以存款的部分可以抵消掉一部分的贷款利息。具体为：存入款减 5 万元的部分抵 80%，也就是说，可以按 2 折计算贷款利息。

用工资卡办理这项业务，就可以用"存贷通"中的利息抵扣住房贷款等款项的利息，不仅便利，而且实惠。

第五，工资卡加基金定投的完美搭配

基金定投，胜在长久，尽早开始利用每个月的工资节余做小额定投，不仅不会造成经济上的负担，还可以积少成多。

由于股市震荡，短期的基金定投收益并不明显，所以选择用工资卡做基金定投的蓝领们，最好做长期投资的打算。

此外，选择这种理财方式有些类似每月定期存上一笔钱，但与定期储蓄相比，基金定投收益更高，风险也就更大。

所以理财专家表示，定期定额买基金，选定哪只基金特别重要。一般来说，这种投资方式适合债券型基金或偏股票型混合基金。

至于定投的时间和金额，不少银行卡的定投业务设置比较灵活。除了按月作为扣款周期，还可以选择每隔两个月、每隔两周或是每隔五天，等等。

一般来说，还可以根据自己的收入特点和理财目标需要的资金，来确定扣款的周期和金额。

第六，绑定工资卡，自动将卡内的活期存款转为定期存款

工资卡里的钱都是活期存款，但是，目前活期存款的年利率为 0.50%，低利率收益相当于让活期存款在工资卡里睡大觉，而目前定期存款最低的年利率是 2.60%，想进行固定储蓄和赚定期利息，又不想总是跑银行而浪

费时间，可从办理工资卡的约定转存业务。

以工商银行指定网点的"定活通"业务为例，如果你现在有 1.6 万元的储蓄存款，全部以活期存在银行，选择"定活通"并与银行签协议，5000 元为活期保留金额，转出额为 5000 元的倍数存一年定期。那么，这 1.6 万元就被分成了 6000 元的活期和 1 万元的一年定期。一年下来，就可以取得转出定期存款的利息，同时，当活期储蓄低于 5000 元时，银行会自动将定期存款转回活期储蓄。此外，还有"协定金额转账"等业务，也是值得考虑的。

想拥有此类服务的人，可凭工资卡和身份证，到银行柜台开通这项服务，并可设定一个转账比例如定期存款期限，让活期账户里的资金自动划转到定期账户。需要注意的是，不同银行的转存起点和时间有所不同。

增加存款利息有方法

存钱也大有学问，巧用合适的储蓄方式，可在保证资金流动性基础上，获得最大收益。

如今，虽然炒股、买黄金、基金、理财产品等理财方式很多，但储蓄才是所有投资理财的基础。在目前相对低利率时代，单纯的活期或定期存款，都无法兼顾资金流动性和收益。储蓄理财应该在保证用钱灵活性的基础上，让存款轻松"加息"。

理财案例

姓名：于波

年龄：28 岁

职业：搬运工

月薪：4000 元左右

4 月 10 日，多云转阴。

我每月结余都有 1000 多元，一年下来，发现工资卡上只有 50 多元利息。物价涨得这么快，存款利息完全跟不上 CPI 的脚步，这可怎么办啊？看着工资卡上的存款余额，我很无奈。

后来，我想存一年定期，但又觉得资金灵活性太差，存半年又觉得利率太低。怎样才能在保证利息的前提下，提高资金灵活性呢？

另外，将手头工资卡上的现金都存进银行，又不知何时需要用钱，要用多少钱。存活期吧，取钱方便，但利息太低；存定期吧，要用钱时又得提前支取，利息一样损失惨重。到底怎么办？真有些伤脑筋！

专家建议

像于波这样的年轻人，可在每月发工资后，将固定节余整存整取一年期，这样一年下来就有 12 张存单，一年后每月都有一张存单到期。若需要用钱，可把钱取出，只影响一张存单的利息；不需用钱时，则可把到期存款加上当月结余一起再存起来，这样既保证了资金流动性，也享受了比活期高的利息。

假定于波现在手中有 2 万元活期，可把它平均分成两份，每份 1 万元，然后分别将其存半年和一年定期存款。半年后，将到期的半年期存款改存一年期存款，并将两张一年期的存单都设定成为自动转存。这样交替储蓄，循环周期为半年，每半年就会有一张一年期存款到期可取，这就相当于享受一年定存利息的同时，将资金灵活性提高了一倍。

假定于波有 4 万元现金，可将它分成 4 份，各为 1 万元，然后将这四张存单都存成一年期的定期存款。在一年内不管什么时候需要用钱，都可取出和所需现金数额接近的那张存单，剩下的可继续享受定期利息。这样既能满足用钱需求，也能最大限度减少利息损失。

储蓄窍门

第一，每月结余较固定，可循环储蓄

绝大多数蓝领的工资都直接打在工资卡上，通常是用多少取多少，每

月结余部分放在工资卡里吃活期储蓄利息，不利于资本积累。循环储蓄可让资金具备一定灵活性，同时获得最大收益。

第二，一笔钱分两笔存，一年期半年"到期"

许多中等收入家庭都会有一些小额闲置资金，他们对资金灵活性要求不是很高，但又不想把存款"锁"得太死，这种储蓄方式比较适合此类家庭。

第三，一笔钱分多笔存

这种储蓄方法适用于一年内有用钱预期，但不确定何时使用、用多少的人。用分份储蓄法不仅利息比存活期高很多，用钱时也能以最小损失取出所需资金。

第四，巧用通知存款

在诸多存款方式中，除了活期、定期外，还有利息介于两者之间的个人通知存款。个人通知存款期限不受限制，如果需要用钱，只需提前一天或七天向银行通知约定取款，即可按照一天或七天通知存款利率计息，这种存款方式较为灵活。目前，一天通知存款的利率为0.95%（2011年7月7日实施，余同），七天通知存款的利率为1.49%。

不过，通知存款一般设有5万元的门槛限制，而且存款人需一次性存入。

选择通知存款需要注意，如果未通知就取款、通知存款期限未到就取款，或者逾期取款，都将以活期利率计息。应注意办理通知存款时设置自动转存周期，如设定的转存周期为7天，则每7天银行将这一期间的本金和利息自动滚存。这样不仅可以避免因逾期未取款导致的利息损失，还可以实现"利滚利"。

投资篇 投资有道，才有财生

作为现代明智的理财人，不能再死抱着"存钱罐"不撒手了，而应该积极寻求新的投资理财产品，让钱快速升值，让财富与日俱增。投资前一定要对自己所投资的产品进行充分了解，诸如保险、基金、债券、股票等，同时，还要掌握一定的投资理财操作方法，这样才能降低风险，获得收益。

国债是稳健型投资者的最佳选择

国债的显著优势是其具有安全性，风险为零，投资者根本不要担心违约问题。同时，国债的收益性比照同期储蓄利率高，即使储蓄存款交利息税时，国债不缴纳利息税。但是，应该很好地掌握国债理财的方法和技巧，照样也有较高的收益。

国债是国家发行的债券，是政府行为，因此具有到期偿还、零风险的特点。投资国债，是稳健型投资者的最佳选择。

理财案例

姓名：吴学

年龄：30 岁

职业：厨师

月薪：4000 元

4 月 5 日，大风。

我在某学校上班，每日给学生们做午饭。早就听说买国债是不少老年投资者的最爱，尽管国债收益率没有风险投资高，但其稳定的收益同样受到一些投资者的青睐，甚至成为一部分人的主要投资品种。

2008 年 4 月，我通过电视新闻得知，有一批国债正在发售，于是就前往某银行总部业务大厅去购买了国债。

令我没想到的是，前来购买国债的人太多了！离银行开门时间还有一个小时，银行门口就已经排起了长长的购买队伍，大概有四五十人。我只好在队伍后面耐心等待。人越来越多，现场异常火暴。等银行开了门，一百多人的队伍鱼贯而入。银行大厅空间有限，绝大部分人只能站在门外等着，我也被排在了门外。

这时，我就在想，现在这里这么多人，能不能把这个银行的国债抢光了呀？真要是那样的话，岂不是白白排了这么长时间的大队吗？哦，对了！在我上班的学校附近还有一个位置比较偏僻的银行，那里的人流量一直较小，何不赶快到那里去呢？这样可以免去排队之苦，同时也可以增加国债认购成功的概率。事不宜迟，我拔腿就走。

不出所料，这家银行果然人很少，即使在国债认购期间也这样。我在这里顺顺当当地买到了 1 万元的国债。那一刻心里真是美滋滋的，虽然我还不十分清楚这一期国债的利率究竟怎么算，但从这一刻起，我的这 1 万元肯定就要升值喽！

专家建议

吴学购买国债属于稳健型投资。作为稳健型投资者，购买国债是最佳的选择。

普通投资者主要关心国债的利率。国债利率跟银行利率差不多，它始终以银行利率为参照，但每期发行的利率略有不同，关键看投资者买的是哪一年哪一期发行的。

国债最低购买额是 100 元，并且是 100 元的整数倍起，国债免利息税，国债属于低风险投资。例如 2008 年投资者买的国债是 4%的利率，但是

因为物价上涨，假如第二年银行加息，存款利率提高为 5%，显然存银行更划算，这就是买国债的利率风险。如果投资者不在乎那 1% 就没有风险，因为这跟把钱存在银行一样，买多少几年后国家就还你多少。

上市交易的记账式国债，它的价格是上下浮动的。如果投资者是以每张 100 元买进的，因为市场波动，价格下跌成每张 99 元，如果你卖出的话每张就亏 1 元，成为亏损。但不用担心，国债到期后国家还是按 100 元面值赎回；如果价格上涨为每张 101 元，卖出的话那 1 元就是赚的，不卖的话国债到期国家还是按 100 元面值赎回。

对于普通投资者来说，存银行定期和买凭证式国债都是一样的，都是持有到期赚取利息，如何选择取决于两者的利率高低，一般都是谁的利息高就把钱放在那里。如果投资者希望收益稳定以及资金安全，可以考虑买这期凭证式国债，它比同期银行存款利率高，且免利息税，是不错的选择。如果犹豫不决，担心银行是否会加息，那么就可以减少购买量。

对于提前支取，银行定期储蓄提前支取按活期利率计息，而凭证式国债提前支取是按分段计息，时间越长利息越高，同时支付本金 0.1% 的手续费。

储蓄窍门

购买国债，首先就要认识国债。多数投资者只知道是政府发行的债券，但从未认真了解过购买的是哪种类型的国债。其实，国债分为记账式、凭证式、储蓄式（电子式）、无记名式。记账式、储蓄式都是以无纸化方式发行，即虚拟债券；而凭证式和无记名式则为实物债券。那么，究竟如何进行国债理财呢？国债理财又有哪些窍门呢？

第一，怎样购买凭证式国债

所谓凭证式国债，即从购买之日起计息，可以记名，可以挂失，但不能流通。投资者购买后，如果需要变现，可到原购买网点提前兑取。除偿还本金外，在半年外还可以按实际持有天数及相当的利率档次计付利息。

可见，凭证式国债能为购买者带来固定并且稳定的收益，但是购买者需要弄清楚如果凭证式国债想提前支取，在发行期内它是不计息的，在半年内支取，则按同期活期利率计算利息。

值得注意的是，国债提前支取还要收取本金千分之一的手续费。这样一来，如果国债投资者在发行期内提前支取，不但得不到利息，还要付出千分之一手续费的代价。但是在半年内提前支取其利息，也少于储蓄存款提前支取，参加储蓄提前支取不需要交手续费，而购买国债提前支取需要交手续费。

因此，对于自己的资金使用时间不确定者，最好不要买凭证式国债，当心因为提前支取而损失了钱财。但相对来说，凭证式国债收益是稳定的，在超出半年后提前支取，其利率都会高于同期储蓄存款提前支取的活期利率，同时不用缴纳利息税，到期利息也会多于同期储蓄存款所得利息。所以凭证式国债更适合资金长期不用者，特别适合把这部分钱存下来进行养老的老年投资者。

第二，怎样购买记账式国债

所谓记账式国债，是指财政部通过无纸化方式发行的，以电脑记账方式记录债权并且可以上市交易的国债。记账式国债可以自由买卖，其流通转让较凭证式国债更安全、更方便。相对于凭证式国债，记账式国债更适合作为3年以内的投资产品，其收益与流动性都好于凭证式国债。

记账式国债的净值变化是有规律可循的。记账式国债净值变化的时段主要集中在可上市交易以后，在这个时段，投资者所购买的记账式国债将有较为明确的净值显示，可能获得资本溢价收益，也可能遭受资本损失。只要投资者在发行期购买记账式国债，就可以规避国债净值波动带来的

风险。

记账式国债上市交易一段时间后，其净值便会相对稳定在某个数值上。而随着记账式国债净值稳定下来，投资国债持有期满的收益率也将相对稳定，但这个收益率是由记账式国债的市场需求决定的。

需要注意的是，个人宜买短期记账式国债。如果时间比较长，一旦市场有变化，暴跌的风险非常大。这一点记账式国债投资者一定要多加注意。相对而言，因年轻的投资者对信息化及市场变动都会非常敏感，所以记账式国债更适合年轻投资者去购买。

第三，怎样购买储蓄式国债

所谓储蓄式国债，是指一种面向个人发售的新型国债品种，其优于凭证式国债的是按年分次付息，相当于加计复利，并自动还本付息至客户开立的结算账户。储蓄式国债电子化的发行方式方便快捷，收益稳定，免征利息税，省时省力。

个人投资者在储蓄式国债（电子式）发行期间，可持本人有效身份证件在中国银行任意一个网点开立托管账户和资金账户，投资者开立托管账户采用实名制，并且每个有效证件在每个银行仅可以开设一个国债托管账户，储蓄式国债（电子式）仅限境内中国公民以 100 元为起点购买，同时按单个投资者设定单期国债最高购买限额。

当投资者在中国银行开立了托管账户后，投资者将会获得一个托管账户卡和一个托管账户本，托管账户本可以按发生日期逐笔记录有关国债认购、提前兑付、提前终止投资、非交易过户、冻结、到期兑付等业务记录，并提供补打印功能，托管账户本采用补登方式。

第四，怎样购买无记名式国债

所谓无记名式国债，又称实物券或国库券，是一种票面上不记载债权人姓名或单位名称的债券，通常以实物券形式出现。无记名式国债是我国发行历史最长的一种国债。

发行期内，投资者可直接在销售国债机构的柜台购买。在证券交易所设立账户的投资者，可委托证券公司通过交易系统申购。发行期结束后，实物券持有者可在柜台卖出，也可将实物券交证券交易所托管，再通过交易系统卖出。

第五，投资国债必知的三个窍门

个人投资者在购买国债时，要根据自己的实际情况选择不同类型的国债。

一是凭证式国债适合老年人购买。凭证式国债类似银行定期存单，利率通常比同期银行存款利率高，是一种纸质凭证形式的储蓄国债，办理手续和银行定期存款办理手续类似，可以记名挂失，安全性较好。

凭证式国债不能上市流通，但可以随时到原购买点兑取现金，提前兑取按持有期限长短、相应档次利率计息，各档次利率均接近银行同期存款利率。值得注意的是，凭证式国债的提前兑取是一次性的，不能部分兑取，流动性相对较差。

二是记账式国债适合"低买高卖"。记账式国债是通过无纸化方式发行，以电脑记账方式记录债权，并可以上市交易，其主要面向机构投资者；记账式国债可随时买卖，流动性强，每年付息一次，实际收入比票面利率高。

认购记账式国债不收手续费，不能提前兑取，只能进行买卖，但券商在买卖时要收取相应的手续费。专业理财师表示，记账式国债的价格上下浮动，高买低卖就会造成亏损；反之，低买高卖可以赚取差价。个人投资者如果对市场和个券走势有较强的预测能力，可以在对市场和个券作出判断和预测后，采取"低买高卖"的手法进行国债的买卖。

三是电子式储蓄国债适合稳健型投资者。电子式储蓄国债是以电子方式记录债权的一种不能上市流通的债券。与凭证式储蓄国债相比，电子式

储蓄国债免去了投资者保管纸质债权凭证的麻烦，债权查询方便。专业理财师称，电子式储蓄国债没有信用风险与价格波动风险，按年付息，存续期间利息收入可用于日常开支或再投资。

电子储蓄式国债的收益率一般要高于银行定期存款利率，比较适合对资金流动性要求不高的稳健型投资者购买。电子式储蓄国债在提前兑取时可以只兑取一部分，以满足临时部分资金需求；投资者提前兑取需按本金的1%收取手续费，但电子式国债在付息前十五个交易日不能提取。

投资理财实战攻略

说到投资，蓝领要在了解了投资产品之后，再根据自己的实际情况做出慎重选择，只有这样，才能在实战中稳操胜券。

在当今社会，蓝领有很多投资方式可以选择，可以投资股票、债券、基金、书画收藏等，也可以投资保险、外汇、信贷、房地产……无论选择哪种投资方式、哪种投资工具，不仅投资前都要对所投资的理财产品有一个全面的了解，而且更需要具备一定的投资理财方法。

理财案例

姓名：刘华

年龄：40 岁

职业：推销员

月薪：5000 元

5 月 15 日，大风。

我在 1997 年进入股市，感受过 1999 ～ 2001 年丰收的喜悦，也承受了 2002 ～ 2005 年资产几乎化为乌有的悲哀。经历过股市的跌宕起伏，我最大的感受就是散户赚钱太不容易。十几年股海生涯，我积累了一些炒股经验，但最重要的还是心态的成熟。要

想做到简单炒股、快乐炒股，那并不是简单的事情。

1997年9月底，见不少朋友炒股赚了钱，我也去证券公司排队开了股票账户，投入了2万元，成为一名股民。初入股市时，我犹如盲人摸象，别人说啥我买啥。

头天晚上看到电视上股评家推荐深发展，第二天一早就直奔营业部跟了进去。当时买入价格是32.8元，幸运的是卖出价格接近当时最高点48元。短短半个月盈利8000多元。那几天，我别提有多高兴了，见到熟人就吹自己运气好，不停地鼓动朋友们去炒股。或许真的是运气好，很快我的账户金额就从2万元变成了3.6万元。

但是好景不长，股市在1997年12月的那次大调整，将我全线套牢，股票市值缩水了。那是我第一次在股市里体会到心疼。幸运的是这次调整并不深，到1998年6月，我的股票都解套了。

然而，刚过一个月股市又一次下跌，使我连第二次追加的钱也亏进去了。1999年"5·19"行情大爆发，股市又开始上涨。我就在想，这一次涨上去了，等到了山顶，然后就会直往悬崖下跳。

那段时间，我的精神压力很大，整日茶不思，饭不想，最后无奈只能割肉出局，股票市值仅略多于1997年9月入市时的资金。在很多人看来，这点钱不算什么，但对我们这些小散户而言，这些钱总是需要辛苦赚上一阵子，所以甚感心疼。

那3年的炒股经历，使我深刻感受到著名房地产商潘石屹说过的"永远不做大多数"，这句话放在股市特别适合。相对于股市而言，只有少数人的观点和操作是成功的，大多数股民都在享受三菱电梯的广告语——"上上下下的享受"。

回想初入股市，大盘好的时候，鸡犬升天，大家都以为自己是"股神"；等大盘不好时，就惨了。经过学习、反思，我慢慢成熟起来。然而对我而言，真正的收获季节是在 2005 年至 2007 年的大牛市。由于我加强了股票理论知识的学习，在 2008 年大跌中也没有亏损，并在 2009 年获得不菲的收益，曾经在大盘 3478 点下跌时，我仍然保持赢利。

　　我国现在已经进入负利率时代，如果只把钱存在银行里，就会发现财富不但没有增加，反而随着物价上涨缩水了。因此，我们更应该学会理财，而不能一味地把钱全部存在银行里。

专家建议

　　很多人都会像刘华那样，在经历股市的洗礼后变得更清醒、更理性。其实，个人特别是普通百姓，炒股应有"三闲境界"，即"闲钱、闲时间和闲心"。炒股要达到这样"三闲境界"不是一件容易事。

　　有的股民刚踏入股市时，怕风险，怕套牢；没踏入股市时，又怕失去赚钱机会，内心处于矛盾状态。当股市行情涨了，特别是"牛"气十足时，会后悔自己没有及时"踏入"股市，同时，还会眼红股民赚了不少钱；当股市行情跌了，特别是在暴跌由"牛"转"熊"时，会庆幸自己没有"踏入"股市，同时，还会或多或少有点幸灾乐祸。

　　有的股民不仅仅将股市看做投资场所、理财的渠道，同时还将股市看做经济的晴雨表、社会心理的反应器。因此，这种股民能关心股市，但不从个人得失的角度进行思维，涨了不会埋怨自己，跌了不会幸灾乐祸，在股市面前能心平气和。

　　事实上，股市是一种经济形式，同时又是一种心理考验，不论碰不碰它、理不理它，它都能测量出股民的心态，映照出股民的能力。

实战宝典

在了解投资产品方面，目前可供投资者选择的理财产品琳琅满目，这里向蓝领们介绍比较适合的投资产品，有保险、基金、债券、股票，等等。

一是保险。保险即商业保险，指投保人根据合同约定，向保险人支付保险费，保险人对于合同约定的可能发生的事故因其发生所造成的财产损失承担赔偿保险金责任，或者当被保险人死亡、伤残、疾病或者达到合同约定的年龄或者期限时承担给付保险金责任的商业行为。因此，保险具有互助性、契约性、经济性、商品性和科学性等特征。

二是基金。通常所说的基金一般是指证券投资基金，包括封闭式基金和开放式基金。证券投资基金是一种间接的证券投资方式。基金管理公司通过发行基金单位，集中投资者的资金，由基金托管人（即具有资格的银行）托管，由基金管理人管理和运用资金，运用股票、债券等金融工具投资，然后共担投资风险、分享收益。

证券投资基金具有集合理财、专业管理、组合投资、分散风险、利益共享、风险共担、严格监管、信息透明、独立托管、保障安全等特征。

三是债券。债券是政府、金融机构、工商企业等机构直接向社会借债筹措资金时，向投资者发行，并承诺按一定利率支付利息并按约定条件偿还本金的债权债务凭证。债券的本质是债的证明书，具有法律效力。债券购买者与发行者之间是一种债权债务关系，债券发行人即债务人，投资者（或债券持有人）即债权人。

四是股票。股票是股份公司发给股东作为已投资入股的证书和索取股息的凭证。股票像一般商品一样，有价格，能被买卖，可以作为抵押品进行抵押。股份公司借助发行股票来筹集资金，而投资者则通过购买股票获取一定的股息收入。因此，股票具有权责性、流通性、法定性、风险性和无期性等特征。

另外，由于股票价格常常受企业经营状况以及社会、政治和经济等诸多因素的影响，往往是与股票的面值不一致，这也是股票的一大特性。

投资股票不仅能够每年得到上市公司的回报，如分红利、送红股等，还能在上市公司业绩增长、经营规模扩大时享有股本扩张收益。另外，股民还可以在股票市场上进行股票自由交易，用获取买卖差价的方式收取利益。在通货膨胀时期，投资好的股票还能避免货币贬值，因此股票还具有保值的作用。

那么蓝领如何选择这些理财产品呢？需要注重以下几条原则：

一是不管投资什么理财产品都一定要选正规理财产品。

二是要用家中的闲钱来投资理财产品并备足家底，绝不能将所有家产孤注一掷，更不能靠借债投资。

三是尽可能长期持有多种股票，这样一来可以分摊风险，二来也能从多种渠道中收取利润。今日买明日抛，或者将所有资金都投到同一种股票上的行为，都是不明智的。

四是为了减少巨大的投资风险，不要投资于衍生金融市场，不要在某股票上投过多的资金。

五是购买银行理财产品时，首先要了解理财产品投资标的物、项目背景、担保方、还款来源，这样才能正确判断产品风险。其次要有资产配置的理念，为了抵御股市的波动，要配置风险相对较低的产品，进行风险稀释。

在上述原则指导下，蓝领投资者在购买理财产品前要首先了解自己的财务状况、风险偏好、风险承受能力和收益、流动性的需求，等等。一般来讲，财务实力雄厚、有较高风险偏好并且风险承受能力较强的蓝领可以购买风险较高的理财产品，同时可以追求较高理财收益；而财务实力较弱、偏好风险并且风险承受能力较差的蓝领，比较适合购买低风险产品。

在"了解自己"和"了解产品"后，蓝领投资者最后需要做的就是精确匹配自身的理财需求和合适的理财产品。投资者在银行购买理财产品前，

可向银行客户经理详细询问理财产品的相关特性，并接受银行提供的风险承受能力测评，根据测评结果更好地了解自身的风险承受能力，并选择适合自己的理财产品。

此外，要注重理财产品搭配。理财是一项综合性、持续性、长期性的行为。考虑各类理财产品的期限长短、收益大小、风险高低，结合自己的财务计划及理财预期，进行有机搭配，这是蓝领值得认真探索并逐步提高的理财技能。如果把持续理财比做构建家庭财务大厦、幸福大厦，那么，基础部分一定要筑牢固，一定得选用品质最好、稳定性最强的材料。因而，以选用固定收益型理财产品如银行存款、国债、基金、意外险为主，也可以适当配置如炒黄金。同时，组合中可以添加增强型债券基金、基金定投、品质良好的混合型基金以及分红型保险等品种。

成为好的投资者并非难事。如果按如下原则行事，力戒不良投资习惯，同时有一点对抗市场低迷的勇气，相信一定能比大多数投资者获得更好的回报。

一是攒钱。要赚钱，就得有钱。这意味着每月要存一笔钱。如果每年攒2万元，连续攒10年，每年的投资回报是很可观的。

二是尽早起步。理财开始得越早，获得的回报就越多，也就越容易实现自己的投资目标。

三是做好选择。有人认为，要想获得足以抵消通货膨胀的理财回报，最好把钱投资于股票。因为从长远看，股票的回报优于债券，而债券又好于现金投资，如货币市场基金、国库券和储蓄。也有人认为，股票的表现反复无常，比债券和现金投资更不稳定。如果担心市场波动，或者急需用钱，那就选择短期债券和现金投资。何去何从，完全由自己选择。

四是始终如一。在投资组合中，明确自己的股票投资比例，然后坚持不变。一些投资者总想占尽好处，既要从牛市中获利，又要避开市场风险。但事实是能准确预测市场变动是异常困难的。

五是四面撒网。如果手里只持有几种股票，可能获得巨大收益，或遭受巨大损失。当增添更多股票时，虽然减少获利可能，但潜在损失也没有那么严重了。这样说来，投资多样化好像是好坏参半，可实际上都是一份必要的保险。

六是减少投资成本。为确保能获得更多的收益，考虑选择低成本的基金，使账户管理费降到最低，并减少经纪人佣金和其他交易费用。比如进行一项投资时，谁也不敢保证自己是赢家。但如果承担较大的投资成本，那肯定会降低投资收益。

七是自我控制。一个完美的投资策略可能被几个仓促的决定毁于一旦。因此投资前要保持冷静，在与家人或朋友讨论之前，不要轻易做出投资决定。

八是力戒不良投资。一戒暴利；二戒违法投资；三戒优柔寡断；四戒"亲戚"做生意；五戒目标比天高；六戒投资于自己并不擅长的领域；七戒把钱投在一处。

慎重选择投资理财公司

虽然由专业理财机构为自己管理理财产品有许多好处，但目前第三方理财市场刚刚起步，难免鱼龙混杂，甚至一些没有合法地位的私募基金也会借着第三方理财机构的名义进行理财活动。因此，投资者一定要慎重选择投资理财公司。

或许是因为人们收入越来越高，或许是人们受"你不理财，财不理你"观念的影响，使得人们的理财需求急剧增加。然而，过急的发财心态，导致投资者乱找投资理财公司，难免会上非法投资理财公司的当。

理财案例

姓名：韩双

年龄：40 岁

职业：业务员

月薪：5000 元左右

5 月 15 日，大风。

我深知"股市有风险，入市需谨慎"的道理。然而，股市对于想投资致富的人有多么大的诱惑力呀，可是近来发生的事情实在是让我很难"爽"起来。

　　有一次我接到一个电话，对方称自己是一个专业的投资理财公司，在很多证券公司和基金公司里都有自己的"伙计"，从而可以保证投资"只赚不赔"。当时，我从朋友处借来5万元资金，全部用于投资股票，结果事与愿违，钱像肥皂泡破灭一样伴随着梦想一同消失了！

　　道高一尺，魔高一丈，自己一不留神，就被那些可恶的黑投资理财公司给拖下了水，把我呛个半死！也怪我自己掉进钱眼里了，竟然会相信他们！事已至此，空悲伤，又于事无补。

专家建议

　　投资公司是一种金融中介机构，它将个人投资者的资金集中起来，投资于众多证券或其他资产当中。不少人将自己的资金通过投资担保公司而获得高于银行利率的既稳定又安全的投资回报，这都是受法律保护和许可的。投资担保公司也会选择信誉好、手续齐全的中小企业放款，从而实现投资人、借款人、担保方、政府和社会多方受益的良好循环。但是，要想不被拖下水，警惕心理需常备。

　　现实生活中像韩双那样的人不在少数，他们抱着能轻松发财的梦想，把自己的辛苦所得交给那些游荡在社会黑暗角落里的投资理财公司，期盼能在股票市场上赚一笔钱。然而，最终的结果却是资金在瞬间化为乌有。

　　其实，这些所谓的投资理财公司正是抓住了人们不劳而获，梦想一夜暴富的心理。他们拿到股民的钱后，开始进行大刀阔斧的投资，反正输了是股民的，赢了是公司的。投资理财公司不会有任何损失。

　　有的投资理财公司以家庭作坊形式存在，隐蔽性强，流动性大。这就要求投资者不要妄想天上掉馅饼，世上没有免费的午餐，因此，要求投资者必须具备较高的识别能力，凡事多问几个"为什么"。

　　韩双的经历告诉人们：在选择投资理财机构时，投资者首先要明确自

己的理财需求，明确自己需要什么样的理财服务。如果预计未来有一笔较大额度的资金需要投资，就要提早挑选理财机构。投资者要投资对理财机构有一个比较充分的了解，一定要了解这家投资理财公司是否具有合法地位、经营是正合规、其推荐的理财产品是否经过监管机构的审核，等等。

实战宝典

金融类委托理财，是指受托人和委托人为实现一定利益，委托人将其资金、证券等金融类资产根据合同约定委托给受托人，由受托人在资本市场上从事股票、债券等金融产品的交易、管理活动的行为，但不包括证券公司、银行、保险公司发行的各类理财产品。目前，这类金融类委托理财市场正面临法律缺失、监管缺位等问题，导致市场主体良莠不齐，引发不少诉讼。

首先，投资理财公司"代客理财"隐瞒风险。主要表现为：受托人多为不具备委托理财资质的市场主体。按规定，只有经过中国证监会批准的具备客户资产管理资质的证券公司，才有权作为受托人订立金融类委托理财合同，但涉案的被告多为"投资咨询公司"、"投资服务公司"，并无理财资质。

同时，为了吸收客户，这些不具备理财资质的所谓的投资理财公司进行虚假宣传、隐瞒风险。有的采取轰炸式手机短信开发客户，有的举办"理财课"，并现场发放投资收益环节表，在吸引听课的潜在客户时，过分强调赢利前景，缺少风险提示。

其次，接受客户全权委托理财违法。从理论上说，委托理财可以分为全权委托和一般委托。但是按规定，即使是合法有资质的委托理财机构，也不能接受客户的全权委托，不得以任何方式对客户的收益或损失作出承诺。而在一些投诉案例中，理财方很少向客户提供理财方案并得到理财许可，通常是自行操作，而且投资理财公司和客户都约定了盈利时双方按一定比例分享利润，亏损时由受托人承担或补足损失的保底条款，这就违反了法律规定，在司法诉讼中就会受到否定评价。

理财难免出现亏损，有些投资理财机构在客户对理财账户出现重大亏损提出异议后，和客户达成不再履行原协议、改为分期还本付息的新协议，但又拒不履行，反而多次变更办公场所，使客户难以与之联系。

面对这种情况，除了政府职能部门采取加强相关立法、明确监管部门、强化宣传外，关键是投资者要理性选择投资理财机构，了解相关法律法规，关注投资风险。

以投资者的角度选择一家好的投资理财公司，应该遵循以下4条原则：一要明确无论收益多少，都要先讲安全，因为利息永远比不上本金；二要选择规模大、成立久、风险控制经验丰富、操作规范的投资理财公司；三要选择证件、手续齐全的投资理财公司；四要尽量多了解投资理财公司的情况，看其是否有发展前景，是否稳定，该投资理财公司提供的资料是否齐全。

将以上这些问题理清之后，对自己资金的安全度就有了百分之八十的把握。

有些所谓的投资理财公司，无非是利用人们想发财、想暴富的心理。如果大家提高警惕，让那些假的投资理财公司无空可钻，它们自然会从人们的生活中黯然退场。

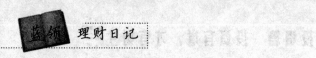
用保险打造幸福人生

保险可帮助蓝领建立起坚固的保护屏障，使蓝领变得强大。现代蓝领应该懂得借助保险这个工具，打造自己的幸福人生。

大家都知道保险与人生密不可分。人的一生免不了有甘苦，甘的部分自然要好好享受，苦的部分最好能免则免。否则，至少也要大事化小、小事化无。

理财案例

姓名：李欣

年龄：30 岁

职业：业务员

月薪：5000 元左右

5 月 16 日，晴，穿衣指数 2 级。

2005 年 6 月，我刚出校门，最感兴趣的不是保险本身，而是如何赚钱。那时候看每个银行推出形形色色的分红保险，觉得挺不错，可是按照所谓的现金价值算完投资收益之后，我就觉得这不是我所要的保险。

2008 年 4 月，我来到上海，我所在的公司购买了平安团体险种以及参加了社会保险生育险，所以生病和意外可能导致的风险几乎不用考虑。可是我先生不同，他在私营企业工作，几乎没有任何保险。他的父母指望他养老，我就想给老公买些合适的保险。可是，选择哪家保险公司，怎样选择代理人和合适的险种呢？

见到不少人买了保险却得不到赔偿的例子，我可不能打无准备之战。于是我开始频繁去中国人寿、平安人寿、友邦人寿、新华人寿等保险公司的网站搜索，恶补保险知识和有关专业术语以及条款，甚至连细微的价格差异也不放过。

2009 年，我新婚不久的一次意外怀孕，竟然疑是异位妊娠，稀里糊涂进了急诊留观室，然后稀里糊涂就住进了医院，当然面临的突发性问题就是必须马上拿出 1 万元押金，不然医院可不会收留我。当然我运气比较好，在住院部保守治疗了一周，发现各项指标都正常了，没动手术就出院了，最后花了 2000 多元了事。

这次意外不仅让我警醒，我老公也深受刺激，买保险的事情终于提上了日程。

仅仅只是生育，就给我们造成了这么大的麻烦，如果是我老公出状况，没有保险公司来转嫁这个风险，那所有的风险就全部得由我们自己承担，想想都后怕。次年，我老公又考了摩托车驾照，于是我在 2011 年的 2 月 14 日送了一份情人节大礼给老公，购买了意外医疗险，同时也给自己添了一份终生重疾险，以弥补公司险种的欠缺。

不仅如此，我给妈妈和婆婆也都买了医疗健康保险。这样，我们的生活就不会因为家人出状况而致贫啦！

如今，我信奉的是：逢年过节不送礼，送礼就送健康险！

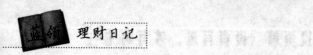

专家建议

李欣目前面临着工作、生子、父母赡养等诸多问题，面对现实，她选择了投资保险，这让她的生活有了保障。

但李欣投保最好选择组合系列，尽早为自己投一份兼顾身价和重疾保障的人寿保险。比如可购买太平洋寿险推出的"金瑞人生"保障计划，包括"金瑞人生终身寿险（分红型）"和"附加金瑞人生重大疾病保险"。

这一保障计划属于终身保障型，设计较为人性化，可拥有如下账户：

一是身价保障递增账户。客户享受的保障水平将随着年度红利的分配而增加，保额复利递增，在主险保单终止的时候，还可获得终了红利，红利双重给付确保客户拥有的保障水平不缩水，有效抵御长期通货膨胀。

二是重疾保障附加账户。客户享有覆盖广泛的 35 种重大疾病保障，相当于拥有了一笔健康保障基金。

三是现金领取转换账户。可选择在投保后的任意时间，将减保或退保所对应的现金价值转换为每年领取的养老年金，领取时间可长可短，能够有效地补充养老金。

实战宝典

保险可分为五种需求层次：意外、健康、教育、养老和理财。意外和健康保险是整个家庭保障的基石，也是蓝领完善家庭保障必须首先考虑的。教育、养老和分红则是在此基础上考虑的，用少量的现金支出，把未来家庭生活品质固定下来，现在的奋斗成果，都将是在此基础上更上一层楼。事实上，只要确立保险策略，就能保证保险理财计划付诸实施，从而打造幸福的人生。

这里的所谓确立保险策略，实际上指的是保险理财的全盘攻略，包括培养保险观念、了解保险种类、依人生阶段来安排适当的保险、走出保险认知的误区、增强预防不良保险推销的意识，以及了解办理保险手续。

第一，培养以保险规划人生的观念

人的一生难免遇到意外的事情，尤其当遇到不幸时，通常需要花很多钱去应对，而这笔钱光靠平时的储蓄或是社会的救济，可能未必够用。为防患于未然，应该就可通过经济又实惠的保险来加以规划。但是人生如此漫长，究竟该如何以保险来规划人生呢？

首先要认识保险。保险是指投保人根据合同约定，向保险人支付保险金，保险人对于合同约定的可能发生的事故因其发生所造成的财产损失承担赔偿保险金责任，或者当被保险人死亡、伤残、疾病或者达到合同约定的年龄、期限等条件时承担给付保险金责任的商业保险行为。或者说，保险是保险人集中分散的社会资金，补偿被保险人因自然灾害、意外事故或人身伤亡而造成的损失的方法。因此，保险作为风险管理的一种方法，已为人们所接受，保险意识不断提高。蓝领也要关注保险，了解保险，利用保险为自己转嫁风险。

其次要了解自己的需要，决定适当的保险金额。保险金额过高会造成保费的负担，保险金额过低又会导致保障的不足，唯有了解自己的需要，决定适当的保险金额，才是最佳的选择。

最后就是要衡量自己的能力，决定适当的保险费。市面上有各式各样的保险商品，每种保险都有它不同的保障功能，保险费的高低也各有不同，因此要根据自己的能力，进行保险费预算，选择适当的保险商品。

总而言之，把生活保险化，幸福美满的人生，就可以获得保障了。

第二，充分了解保险的种类

当我们要选择适合自己的保险之前，必须先了解各类的保险商品。保险商品的种类很多，究竟保险的种类有哪些呢？通常以险种的功能及对象

来加以区分。

保险以险种的功能来区分，一般分为保障险、健康险、意外险、养老保险、少儿保险、分红险、女性险、财产险，等等。例如，储蓄性质较高的生死合险，可用来筹措子女的教育基金或是自己的养老金，另外还有专为准备子女教育基金的子女教育年金保险，以及专为准备老年退休生活的养老保险等，都是目前市场上颇为热门的保险商品。

保险以险种的对象来区分，有保障本人或被保险人家属的保险。例如意外保险、定期保险以及终身保险等，这些都是以本人的身故为给付条件。另外还有住院医疗保险、防癌保险、失能保险等，专为保障被保险人健康医疗的保险，这类保险大多以附加特约的方式，附加在主契约中，主要是保障被保险人受伤或生病时所发生之医疗费用或所造成收入中断的损失。

无论保险的种类有哪些，它们多是针对人类的生、老、病、死、伤、残等来设计的，任何人在面对这些问题时，都不会因为社会地位的高低，或是财富的多寡而有所不同。所以选择保险商品时，并不是以社会地位或财富的多寡来作为购买的指针，而是寻求保障和储蓄的平衡点。

第三，依人生阶段来安排适当的保险

在日常生活中，蓝领会遇到各种各样的问题，也会遇到不同的风险，因此就需要靠保险来加以分散。就寿险而言，就有很多种，如何选择呢？基本上可以依生命周期将人生分为三个阶段。

第一个阶段是指打拼事业的社会新人。刚踏入社会，有了工作收入，自然应该自行筹措保费，以免万一发生意外时连累家人。这个阶段建议购买低费率、高保障的定期保险、附加意外伤害保险、失能保险以及健康保险。

第二个阶段就是育儿筑巢的小家庭时期。这个阶段应以加重家庭主要收入者的保障为优先考虑。若是双薪家庭，最好夫妻二人都有一份终身寿险作为保障。由于抚养小孩的花费将与日俱增，因此若经济能力许可，可以考虑购买子女教育保险，通过保险来准备未来子女教育的经费。

第三个阶段则是临近空巢期的中年家庭。在这个阶段应该以退休养老为主要理财目标。保险的安排可以加强晚年生活费用的筹措，因此这个时期应考虑储蓄型的养老保险或是年金保险。

每个人生阶段中，都会面临保障需求不同的变化，因此，充分了解自身的需求、多方搜集资料、参考专家的建议，如此才能规划出真正适合自己的保险。

第四，走出保险认知的误区

对于保险，人们存在很多误区，归纳起来，主要有以下几种：

一是保险就是强制储蓄。有的保险兼具储蓄功能，是分红型险种，而保险的根本作用是：保障。

二是我现在年轻，而且身体非常健康，不需要买保险。正确的做法是尽早购买一份适合自己的保险，因为年纪越轻费用越低，并且越容易被保险公司接受承保。身体健康才有资格买人身保险，保费也与年龄和健康状况密切相关，况且，年轻人活动多、家庭责任大，正是需要保险来分散可能的风险。

三是风险太偶然，轮不到我。正确的观念是我们无法对生命作出预测，当我们感慨世事无常生死由命的时候，不应该把自己置身事外，而应该想一想如果自己有同样的遭遇会给自己和亲人造成多大的伤害。

四是我经济负担重，没有闲钱买保险。正确的观念是保险不是奢侈品而是必需品，有钱人只不过买得多罢了。

五是我已经买过保险了，不需要再买了。正确的做法是人一生中各个阶段的需求是不一样的，不同阶段就需要不同的保险保障，一生只有一张保单是远远不够的。更何况中国的保险刚刚起步，绝大多数人已有的保险

根本满足不了人生的需要。

六是孩子重要，先给孩子买保险。正确做法是家庭的主要创收者、给家庭带来最多经济价值的那个人才是最应该买保险的人。保险是一种经济补偿手段，只要稍微想一想这样的经济补偿在家庭成员中的谁发生风险时是最急需的就不难明白买保险的正确顺序。其实，保险是投保人对自己和家人，甚至更多是为家人准备的一份关爱。

七是保险没用、卖保险的太讨厌，我不感兴趣！保险有没有用这里不再多说。人们可以对保险不感兴趣，可是风险会在人们不经意间悄然而至。诚然，是有一些保险公司和其销售人员缺乏职业道德和专业性，但这并不应该成为拒绝购买保险的理由。正确的做法是寻找负责、专业的保险规划师，让他作出合适的保险方案，甚至还可以跟自己的朋友一起分享专业的服务。

八是这个保险不值，因为将来拿回来的钱少！其实，就保障型保险来说，应该看重的是它提供的保额是否能保证风险发生时家庭所需的足够的经济补偿。要是注重收益，应该选择投资理财类型的保险，但别忘了一个前提：获得保障之后才能去考虑这类注重收益的产品。

九是单位福利很好，不需要买保险。按照当前人们的做法，很少有人会在一个单位工作到退休，因此单位会换、福利会变，而自己的保险却是不会变的。况且，现在单位提供的福利再好也未必在员工遇到重大风险时提供类似保险公司经济补偿的经济支持。

第五，增强防骗意识

蓝领在购买保险之前，不仅要了解各险种的区别，而且还要增强防骗意识。

一是不轻信电话推销。通过电话接触客户，以公司周年庆派送礼物或者特别分红为幌子，行保险推销之实，这是近期极为流行的一种保险推销手段，尤其是不少代理人更特地选择白天致电，希望能够接触到相对警戒心较低的老年居民。对于这样的电话推销方式，最佳选择是置之不理。虽然目前也有保险公司会采用电话营销方式进行业务联系，但一般主动致电手机且以信用卡扣款为主，严谨的保险公司每个电话营销员都有工号可到专门网站查询，与假冒的电话推销很容易区别。

二是不参加保险联谊会。无论是被称为产品说明会还是保险联谊会，这种将潜在投保人召集到一个相对封闭的场所，由多名代理人进行集体"轰炸"甚至聘请托儿"敲边鼓"的营销手段，对于投保人是一个很不利的投保环境。很多投保人往往就是在这样一个陌生的环境下，在代理人和托儿的哄骗下买下了根本不适合自己或不甚了解的产品。对投保人而言，和保险代理人打交道的最佳环境是自己熟悉的场所，比如家中、单位，且最好对方仅有一人，以免造成压力。

三是不轻信银行。银行是人们心中信誉度极高的金融机构，但是，伴随银行的多元化发展，对银行的这种盲目信任是需要改变的。大量的投诉揭示，银行在推销保险（银保渠道）的时候，常出现刻意或无意的误导，或是将其与存款相提并论，或是隐瞒保险产品的费率，使许多本来办理存款业务的客户最终稀里糊涂买了不适合自己的保险。银行卖的保险可以买，但要给自己一个冷静期。拿到银行的宣传单后，不妨回家通过网络或者其他渠道查询一下相关资料或请教懂行者，确认合适，再跑一次银行也不迟。

四是当心粗制滥造的宣传品。查看保险产品宣传单页，是许多人自认为这是投保前的唯一功课，并未进行详细的了解。而一些不良代理人往往利用投保人的这种疏漏，自行印刷一些宣传单页，在上面夸大产品的优势，隐瞒产品的费用等，甚至伪造产品的回报数据，以吸引投保人。由于印刷数量的限制，这类单页往往纸张廉价、印刷质量很差，蓝领遇上这种宣传单页的时候，就要多一个心眼了。最好还是上官方网站查看或者致电官方

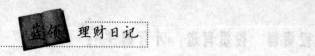

服务热线询问确认。

五是不给现金不转账。代理人卷款逃走，甚至伪造保单侵吞保费，这样的情况虽然不多见，但仍有发生。要保护好自己的权益，投保人最好不要将现金直接交给代理人，也不要轻易汇款到代理人指定的账号，而是要求通过办理银行代扣款的方式来进行，这不仅可以免去每年缴费的麻烦，同时也可以通过银行来确认对方账户的可靠性。

六是事先询问展业号。假冒保险代理人进行诈骗的案例，同样也有出现。其实投保人只需要拿到代理人的名片，进入专门的网站查询一下相关展业号是否存在，对应的姓名是否一致，便可方便地判断代理人是否真有其人、是否具有相关资格。此外，询问代理人展业号，有时候可以吓跑不少本打算忽悠你的不良代理人。

七是别相信天上掉馅饼。许多投保人被忽悠买了某款保险，往往是被代理人吹得天花乱坠的收益率给吸引了。其实，保险要提供保障、要支付代理人佣金，在绝大多数情况下其保证收益不可能超过银行存款，一般来说分红险类产品能够达到2%的保证年化收益已经算很不错了，那些看到的每年5%、6%的返还比例，不过是在保额、保费等概念上玩弄的花样——天上是不会掉馅饼的。

第六，如何办理保险手续

一般人大多知道保险可分为人身保险与财产保险两大类，心爱的财物可以通过财产保险，来补偿万一发生毁损时的损失，至于个人在人生各阶段所面临的风险，就要靠人身保险来加以规划了。下面就财产保险和人身保险该怎么买举例做个说明。

如果需要购买人寿保险，首先应该找到一位合法的优秀寿险代理人，让他提供投保知识、程序和售后服务。

寿险代理人会调查投保人的身体健康情况，然后填写一张投保申请书，投保人在申请书上签字，同时附一张银行（中行、建行、农行、工行均可）存折复印件并签字。

代理人把申请书提交到保险公司，公司审核投保人是否可以投保，有时候会要求被保险人体检，体检合格后方可投保。核保通过，保险公司一个星期内会出具正式合同和发票，投保人拿到合同，在合同书上签字表示已经收到。

签字并不代表投保人已经购买这份保险，投保人还有十天的犹豫期，这十天是供投保人仔细阅读合同的，在十天你随时可以申请取消合同。

十天犹豫期后，你正式拥有这份保险，并享受其保险利益。

如果需要购买财产保险，当投保人（要求保险的人）申请保险时，首先要写一个书面申请，一般叫投保单。这是保险公司接受投保，出立保险单的依据。有些保险的投保单还作为保险单的一个组成部分。

投保单内容一般包括投保人的名称，投保日期，被保险人的名称，保险财物的名称和数量，保险金额（分为总保险金额和分项保险金额两种），明确投保的财产、房屋等坐落在什么地方，保险期限，赔款的给付点或受益人，等等。

投保单填好交给保险公司后，作为投保人应办的手续，基本上差不多了。保险公司即根据有关规定，审核是否同意承保，如果同意，保险公司根据保险费填写保险单，计算保险费然后由投保人或被保险人缴付保险费领取保险单，在这个过程中保险公司还要进行必要的承保查勘。

保险公司的"保险责任"何时开始，依保险种类的不同而有不同的规定，例如"伤害保险"和"健康保险"，保险公司保险责任的开始，就和人寿保险有所不同。所以投保时，需要仔细阅读保险单条款，如有不明白的地方，可向代理人询问，以保障自身的权益。

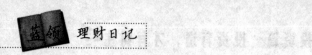

采取基金投资组合策略

一个好的基金投资组合，不仅能够帮助投资者分散风险，同时也能实现收益最大化。

投资组合就是根据投资者的风险偏好和流动性需求等，通过分散投资不同类型的产品，构建适合投资者的投资组合。事实上，蓝领阶层有限的资金量应该用来选择持有较少只数的基金进行组合投资，以求获取卓有成效的投资收益。

理财案例

姓名：王英

年龄：26 岁

职业：油漆工

月薪：2400 元

5 月 20 日，大风。

我是一名油漆工，今天是个风沙天，不宜施工。利用这难得的空闲时间，做一个简单的理财规划。

我是一个已经参加工作 5 年的蓝领，今年 26 岁，未婚，月薪 2400 元，可余 1400 元，存款 1 万元。我知道赚钱要靠开源节流，但是，在目前情况下很难开源，只能从节流和理财投资上做文章。虽然每个月工资有限，但是利用节余的钱购买几只基金，是能积累财富的。所以我想用大概 3 年时间攒够 5 万元后，自己开一个油漆店。

专家建议

王英的财务状况存在一个问题：全部资产均投在了收益率很低的银行存款上，收益性资产不足。王英虽暂时不需面对婚育、养老等问题，但未来数年，将面临组建家庭以及成家后的各种财务开支，结合自己创业的短期理财目标，建议除了创业规划外，还应侧重于风险管理规划。

针对王英每月的收入结余情况和目前的存款情况，如果要想在 3 年内筹集到 5 万元创业经费，需要的投资回报率是 7.87%，在现有的投资市场中，这个投资回报并不是遥不可及的。因此，王英应该做以下的组合投资理财计划：

首先，把 1 万元银行存款用来购买债券型基金，预计年投资回报率为 10%；或者投资收益率相对较高的银行理财产品，如深发行的"聚财宝现金增利计划"，该产品的最低起存金额 1 万元，年收益率预期为 3.5% 至 9.5%，投资灵活，比较适合王英投资。

其次，王英可以把每月结余的 1400 元定投指数型基金。指数型基金的表现要超过股市大盘，风险属性为中级。在牛市行情下，可取得较高的回报率。不过，在股市调整阶段先要观望一阵，等股市企稳后再出手投资。毕竟，指数型基金和股市的行情是密切相关的。在熊市行情下，则可投资偏债型基金、混合型基金等，但首先要了解基金公司的业绩，选择好的基金公司及基金经理很重要。

实战宝典

或许蓝领对投资基金的基本知识已有了大概的了解，准备把一部分资金投资于基金，不管如何确定投资目标和策略，在作出抉择之前，认识如

下几点比做足任何其他准备功课都显得重要。

第一，明确基金购买法则

购买基金是为了实现已有财富的长期稳定增值，所以理财首先要考虑的不是能挣多少钱，而是可能亏多少钱。因此，购买基金要遵循以下法则。

一是要首先明确一点，把钱交给了基金经理，并不代表自己完全不承担风险。要充分认识到购买基金是一种投资行为，而不是某种福利的分配。在目前的市场经济条件下，任何投资都是有风险的，存在着盈利与亏损的两种可能性。要想得到较银行存款高的回报，就一定要愿意承担风险。风险愈高，收益愈大，这是放之四海皆准的投资定律。

二是要选择适合自己风险偏好的基金，如偏好风险低者可选择保本基金，追求高风险高收益者可选择股票型或积极配置型基金。选基金是件严肃的事，需要付出时间和精力，至少要舍得时间来考虑；就收益性和风险性的综合考察而言，风险系数低的基金值得优先考虑；成立时间久、值得信赖的基金公司推出的长期业绩稳定优异、经历牛熊市考验的基金更值得购买。

三是要看大势买基金，在牛市中适合购买股票型基金，在震荡市中适合购买平衡型基金，在熊市中适合购买债券型基金或货币市场基金。

四是买基金要应用反向思维。当街边的小贩都开始谈论基金、银行开始排长队申购基金、券商营业部人满为患时，可能就是应该考虑离场的时候；如果"远离股市"开始成为口头禅或券商营业部门可罗雀时，可能就是投资的最佳时机。

五是投资基金要给自己制定止盈点和止损点，要像贯彻法则一样执行止盈和止损。在盈利达到止盈点时，即使后市还能上涨，也要坚决赎回；在损失达到止损点时，即使后市可能反弹，也要坚决割肉。对普通的蓝领阶层而言，在市场震荡向上时，定期定额投资是一种聚沙成塔，平摊风险的良好投资方式。长期投资能大大降低投资基金亏损的概率。

由于基金是一种中长线的投资，不如卖出股票那样在三两天内就可以收到现金，更不像银行存款那样随时可以取用，所以选择基金作为投资工具，只可作为一种长线投资，作为投资组合中无须随时动用的部分资金，或作为投资一些不容易或不开放给个人投资的市场渠道。总之，如西方一句流行的格言所讲的那样："不能把所有的鸡蛋都放在同一只篮子里。"

第二，运用基金投资技巧

任何投资行为都是有技巧性的。下面是三种行之有效的基金投资技巧。

一是分期购入法。如果做好了长期投资基金的准备，同时又有一笔相当数额的稳定资金，不妨采用分期购入法进行基金的投资。这种方法是每隔一段固定的时间（月、季或半年），以固定等额的资金去购买一定数量的基金单位。该方法的功能是在一定时期内分散了投资基金以较高的价格认购的风险，长期下来，就总体上降低了购买每个基金单位的平均成本。有经验的投资者都能避免孤注一掷，不至于将全部资金买了最高价格的基金。

二是定期赎回法。投资基金时，买卖方法是因人而异的。有人看好行情就会把钱全投进去，反之就全盘撤出；有人则分期购进，定期赎回。实践证明，后者比前者更胜一筹。因为是在不同的价位上赎回，既减少了时间性的风险，又避免了在低价位时无可奈何地斩仓，尤其适合一些退休老人，定期支付生活费之用。该办法是一次性认购或分期投资某一基金，在一段时间后，开始每月赎回部分基金单位，投资者便可每月收到一笔现金。

三是固定比例投资法。该办法是将一笔资金按固定的比例分散买进几只不同种类的基金，当某只基金价格飙升后，就补进这只低成本的基金单位，从而使原定的投资比例保持不变。这样不仅可以分散投资成本，抵御投资风险，还能见好就收，不至于因某只基金表现欠佳或过度奢望价格

会进一步上升而使到手的收益成为泡影或使投资额大幅度上升。例如，投资者决定分别把50%、35%和15%的资金各自买进股票基金、债券基金和货币市场基金，当股市大涨时，设定股票增值后投资比例上升了20%，便可以卖掉20%的股票基金，使股票基金的投资仍维持50%不变，或者追加投资买进债券基金和货币市场基金，使它们的投资比例也各自上升20%，从而保持原有的投资比例。如果股票基金下跌，你就可以购进一定比例的股票基金或卖掉部分等比例的债券基金和货币市场基金，恢复原有的投资比例。

当然，这种投资策略并不是经常性地一有变化就调整，有经验的投资者大致遵循这样一个准则：每隔三个月或半年才调整一次投资组合的比例，股票基金上涨20%就卖掉一部分，下跌25%就增加投资。

第三，选择基金投资组合

投资基金需要进行各种不同类型基金的投资组合。当然，如果投资基金的金额很小，就没有太大的必然进行组合投资，因为那样费心费力而投资效果也不一定很好；如果投资基金的数额相对较大，就一定要进行投资组合，利用不同类型基金构建一个合理的投资组合，以进一步分散风险，从而去赢取更多、更稳的投资收益。

不同的投资目标和风险承受能力，应有不同的投资组合。也就是说，投资组合要与所投资的基金类型相匹配。例如，想通过基金来实现12%的年收益，那么根据这一投资目标，应该选择股票型、偏股型或是配置型基金，而绝不应该选择债券型和货币市场基金。不同类型的基金，存在不同的收益水平。

在构建基金组合的过程中要注意两点：一是投资组合中尽量多些不同类型的基金，以降低风险。二是当一个组合中含有两只以上的同类型基金，那么这些基金中要有不同投资标的，以应对股市的板块轮动和完善组合品种。

蓝领投资者应选择 3 至 4 只业绩稳定的基金，构建核心组合。核心组合是决定整个基金组合长期表现的主要因素，必须认真对待。

从原则上来说，平衡型基金适合作为长期投资目标的核心组合；而短期和中期波动性较大的基金，则比较适合作为短期投资目标的核心组合。作为核心组合中的基金，其业绩较为靠前即可，不必强制性地选择每个类型中的基金状元，这样会破坏组合的合理性和协调性，反而影响组合收益。

在选择核心组合时，要注意所选择的基金公司的规模和管理风格。如果是求稳的投资者，在核心组合中，不妨增加规模大的基金公司所管理的基金。因为基金规模大的基金公司会通过制度来降低人治色彩，通过制度来降低因人员变更所带来的负面影响。而激进的投资者，可在组合中增加小规模基金公司所管理的基金。鉴于规模小，基金管理公司可依据市场来灵活调整股票组合。

但有一点要注意的是，核心组合中的基金数量不宜过多，当发觉基金核心组合不能满足投资目标的需求时，要加大投资金额时，一种可借鉴的简单模式是：保持核心组合中的基金不变，逐渐增加投资金额，而不是增加核心组合中基金的数目。

第四，对基金投资组合进行适时调整

已经持有一个基金组合时，如何根据市场的变化调整投资呢？一般性法则是：在往组合中增加投资时，注意不要在基金投资品种之间进行转换，而要通过追加资金来调整组合的配置比例。这样的组合调整方式，往往能够取得比较好的效果。

在适当的时机，投资行业基金，是一个不错的方式。所谓行业基金，是指投资范围限定在某个行业的上市公司的基金。

适时买进卖出债券

了解并熟悉债券投资各种知识，是投资债券的基础。通过债券投资操作策略、操作技巧，扬长避短，回避风险，可以使债券投资的收益最大化。

债券作为投资工具具有安全性高、收益高于银行存款和流动性强的特征。债券投资可以获取固定的利息收入，也可以在市场买卖中赚取差价。随着债券利率的升降，投资者如果能适时地买进卖出，就可获取较大收益。

理财案例

姓名：艾华

年龄：30 岁

职业：技术工人

月薪：4000 元

5 月 28 日，大雨。

我第一次的理财行动是购买可转换债券，在这之前，虽然我也听说"你不理财，财不理你"的说法，但是因为惰性，或者换句话说，是源于一种错误的思维方式，总认为投资理财是那些动辄能拿出百万、千万的那些人的事，理财对我而言似乎是很遥远的。

有一次，我在银行看见一个人存200元钱，我甚至觉得这么做是很愚蠢的事，我想，她存这么点钱能有多大的收益呢？为存200元等这么长的时间值得吗？但好像在冥冥中早有安排似的，让我和投资理财不期而遇。

那是在2006年6月，手头有几万元资金，但不知派什么用场，老公就叫我去买债券，但买什么好呢？那时真叫两眼一抹黑！但是我有一个想法，这正如毛主席所说的，你要知道梨子的滋味，你就得亲口尝一尝，所以我就在网上查找和债券有关的知识。

我发现可转换债券虽然票面利率较低，但因为它是一种可以在特定时间、按特定条件转换为普通股票的特殊企业债券，在转换成股票之后，债券持有者就变成了公司的股东，可参与企业的经营决策和红利分配。所以，我认为可转换债券是较好的一种。

但在银行上班的老公提醒我，企业债券虽然收益可观但风险较大。现在投资市场上的可转换公司债券有很多品种，这是由混合金融产品的特征决定的，是为了迎合不同的发行者和投资者的需求。我说只要收益可观就行，反正有他做指导嘛！老公知道我对太专业的知识不太懂，就建议我买深圳的一家股份有限公司发行的可转换债券。所以第二天，我就去买了这家公司的可转换债券。

我的运气真好！通过购买深圳这家公司的债券并马上得到投资回报，让我对投资理财产生了兴趣。本来一直以为我不是算钱的材料。可能因为粗心，容易把数字搞错。但是，我现在知道了，当你算你自己的钱的时候，很多东西对你而言，是已经烂熟于心的东西，所以是不可能搞错的。

因为买债券赚了钱，所以没事的时候也会到银行去转转。2008年，我陆续又买了一些可转换债券。到现在为止，它们已

经给我带来了将近50％的回报，虽然不能和那些"股市黑马"相比，但它们的业绩已令我很满意。

不过说实在的，如果不是老公，我可能一开始就属于"有勇无谋"的那种人。要不是老公在整个过程中的指导性参与，我就不会有今天这样的收益。所以我真要感谢我的老公啊！

通过这个投资过程，使我懂得富人和穷人有以下几点不同：穷人保守，富人适度冒险；穷人是羊群效应，富人是狼的精神；穷人一个人努力工作，富人注重团队合作；穷人注重细节，富人从大处着眼。所以，如果我们要让自己生活富裕起来，仅仅靠努力工作是不够的，要改变自己的思维方式，要靠钱生钱！

专家建议

投资者购买可转换债券，在买入及卖出时必须掌握一些要点，这样才能降低风险，增加收益。

买入要点：可转换债券的市场价值小于或接近纯债券价值时，坚决买入；条款十分优越的转债，上市定价在面值附近，是极佳买入机会；名牌绩优蓝筹转债，绝对价值在100元以下，是较好的买入机会，越低越好；金融及高科技类转债，波动幅度大，价值在100元以下都是买入机会；市场价格虽高，接近转股时存在明显套利机会时，是胜算很大的买入机会。

卖出要点：当可转换债券市场价格上涨到接近公司的赎回价格条件时，果断卖出；当股票市场好转，转股期内出现套利机会时，是卖出良机；当转债价格已基本反映上市初的期权价值时，应该卖出转债；突发利好或当日大涨，应该卖出或做正T+0或反T+0交易；转债快到期或停止交易前几日价格高于回售价，必须卖出或必须转股。

实战宝典

投资债券既要有所收益，又要控制风险。因此，债券投资应考虑的主要问题是了解并熟悉债券投资知识，掌握债券投资操作策略和技巧。

第一，债券的种类

债券的种类主要是按发行主体划分，包括政府债券、金融债券、公司（企业）债券。一般政府债券、金融债券风险较小，企业债券风险较前二者大，但收益也依次增大。

政府债券是政府为筹集资金而发行的债券，主要包括国债、地方政府债券等，其中最主要的是国债。国债因其信誉好、利率优、风险很小或者说零风险而又被称为"金边债券"。

金融债券是由银行和非银行金融机构发行的债券。在我国目前金融债券主要由国家开发银行、进出口银行等政策性银行发行。

公司（企业）债券是企业依照法定程序发行，约定在一定期限内还本付息的债券。公司债券的发行主体是股份公司，但也可以是非股份公司的企业发行债券。所以，一般归类时，公司债券和企业发行的债券合在一起，可直接称为公司（企业）债券。

此外，还有按是否有财产担保划分的抵押债券和信用债券，按形态分类的实物债券、凭证式债券、记账式债券，按是否能转换为公司股票的可转换债券和不可转换债券，按付息方式划分的零息债券、定息债券和浮息债券，按偿还方式不同划分的一次到期债券和分期到期债券，按计息方式分类的单利债券、复利债券和累进利率债券。

第二，债券的期限

债券的期限是指在债券发行时就确定的债券还本的年限，债券的发行人到期必须偿还本金，债券持有人到期收回本金的权利得到法律的保护。

债券按期限的长短可分为长期债券、中期债券和短期债券。长期债券期限在 10 年以上，短期债券期限一般在 1 年以内，中期债券的期限则介于二者之间。

一般债券期限越长，利率越高、风险越高；期限越短，利率越低、风险越小。

财政部在 2011 年下发了《关于印发〈2011 年地方政府自行发债试点办法〉的通知》。通知称，经国务院批准，2011 年上海市、浙江省、广东省、深圳市开展地方政府自行发债试点。为加强对 2011 年自行发债试点工作的指导，规范自行发债行为，制定了《2011 年地方政府自行发债试点办法》（以下简称《办法》）。

根据《办法》，试点省（市）发行政府债券实行年度发行额管理，2011 年度发债规模限额当年有效，不得结转下年试点省（市）发行的政府债券为记账式固定利率附息债券，2011 年政府债券期限分为 3 年和 5 年，期限结构为 3 年债券发行额和 5 年债券发行额分别占国务院批准的发债规模的 50%。《办法》明确，试点省（市）发行政府债券应当以新发国债发行利率及市场利率为定价基准，采用单一利率发债定价机制确定债券发行利率。

第三，债券的收益水平

由于债券发行价格不尽一致，投资者持有债券的时间及债券的期限等不一致，都会影响债券收益水平。

第四，债券的投资结构

合理的投资结构，有利于投资要素的合理组合和运用，实现投资效益最大化。合理的投资结构的体现是：与需求结构相适应，与资源结构相适应。

从操作层面来看，合理的投资结构表现为多种债券与品种、期限长短的分布及安排、合理的投资结构。这样，就可以减少债券投资的风险，增加流动性、实现投资收益的最大化。

第五，债券投资操作原则和策略

要想驾驭某一事物，必须先认清它的运行规律，然后再按这个规律办事，所以投资者投资债券也应如此。投资债券应遵循以下原则和策略。

一是收益性原则。这个原则应该说就是投资者的目的，谁都不愿意投了一笔资金后的结果是收益为零、只落得个空忙一场，当然，更不愿意血本无归。国家（包括地方政府）发行的债券，是以政府的税收作担保的，具有充分安全的偿付保证，一般认为是没有风险的投资；而企业债券则存在着能否按时偿付本息的风险，作为对这种风险的报酬，企业债券的收益必然要比政府债券高。当然，这仅仅是其名义收益的比较，实际收益的情况还要考虑其税收成本。

二是安全性原则。投资债券相对于其他投资工具要安全得多，但这仅仅是相对的，其安全性问题依然存在，因为经济环境有变、经营状况有变、债券发行人的资信等级也不是一成不变的。就政府债券和企业债券而言，政府债券的安全性是绝对高的，企业债券则有时面临违约的风险，尤其是企业经营不善甚至倒闭时，偿还全部本息的可能性不大，因此，企业债券的安全性远不如政府债券。对于抵押债券和无抵押债券来说，有抵押品作偿债的最后担保，其安全性就相对要高一些。对于可转换债券和不可转换债券来说，因为可转换债券有随时转换成股票、作为公司的自有资产对公司的负债负责并承当更大的风险的可能，故安全性要低一些。

三是流动性原则。这个原则是指收回债券本金的速度快慢，债券的流动性强意味着能够以较快的速度将债券兑换成货币，同时以货币计算的价值不受损失，反之则表明债券的流动性弱。影响债券流动性的主要因素是债券的期限，期限越长，流动性越弱，期限越短，流动性越强，另外，不

同类型债券的流动性也不同。比如政府债券，有的在发行后就可以上市转让，故流动性强；企业债券的流动性往往就有很大差别，对于那些资信好的大公司或规模小但经营良好的公司，他们发行的债券其流动性是很强的，反之，那些规模小、经营差的公司发行的债券，流动性要弱得多。因此，除了对资信等级的考虑之外，企业债券流动性的大小在相当程度上取决于投资者在购买债券之前对公司业绩的考察和评价。

四是债券投资的种类分散策略。这种策略也就是人们平常所说的"不都在一棵树上吊死"。如果将资金全部投资于政府债券，虽然其偿付能力得到保证，信誉高于企业债券，但是由此可能失去投资企业债券所能得到的较高收益。

五是债券投资的时间分散策略。投资债券，最好将资金分成几部分在不同的时间投入，而不要在同一时间一下子将全部资金投进去，因为债券价格和市场利率常常是跌宕起伏、变化莫测的，如果是那样则很有可能被套牢而陷入困境，如果分段购买或卖出，就可以合理地调动资金来解套。

六是债券投资的到期日分散策略。如果债券到期日都集中在某一个定期或一段时间内，则很有可能因同期债券价格的连锁反应而使得收益受损，因此，债券的到期日分散化比较重要。要做到这一点有两种办法，一是期限短期化，将资金分散投资在短期债券上；二是期限梯形化，将资金分散投资在短、中、长三种不同期限的债券上。

第六，债券投资操作技巧

投资债券，一方面可以直接操作，比如自行购买国债，另一方面可以间接操作，即购买债券型基金。蓝领投资者应该适当增加债券型基金等低风险投资品的比例，但投资者购买债券型基金不宜"全仓"，同时应注意以下几个方面。

一是关注债券型基金的投资范围。债券型基金是基金公司通过投资债券市场获利，增强类债券型基金虽然能通过"打新股"、"投资可转债"等投资于股票市场，但却有严格的比例限制。

二是尽量选择交易费用较低的债券型基金。目前债券型基金的收费方式大致有三类：A类为前端收费，B类为后端收费，C类为免收认／申购赎回费、收取销售服务费的模式，其中C类模式已被多只债券型基金采用。不同债券型基金的交易费用会相差两到三倍，因此投资者应尽量选择交易费用较低的债券型基金产品。此外，老债券型基金多有申购、赎回费用，而新发行的债券型基金大多以销售服务费代替申购费和赎回费，且销售服务费是从基金资产中计提，投资者交易时无须支付。

三是债券型基金也有投资风险。投资债券型基金主要面临三类风险：利率风险，即银行利率下降时，债券型基金在获得利息收益之外，还能获得一定的价差收益；而银行利率上升时，债券价格必然下跌；信用风险，即如果企业债本身信用状况恶化，企业债、公司债等信用类债券与无信用风险类债券的利差将扩大，信用类债券的价格有可能下跌；流动性风险，债券基金的流动性风险主要表现为"集中赎回"，但目前出现这种情况的可能性不大。

任何投资行为都有风险。尽管已经掌握了债券投资的知识、策略和技巧，在购买债券时也应端正心态，更看重它的利率水平，而不是只为了赚取价差这种交易性机会，因为毕竟，债券带来的是长期稳定的回报。

要有一双炒股慧眼

投资股票是极具风险的投资行为，蓝领投资者尤其需要一双慧眼。要在全面了解股票常识的基础上，学会看懂股票大盘、基本面和技术面、K线图、行情表、财务报表等。只有这样，才能降低风险，赢得收益。

股票投资是指企业或个人用积累起来的货币购买股票，借以获得收益的行为。股票操作需要遵循一定的业务流程和操作技巧，这是投资股票之前必须了解和掌握的。

理财案例

姓名：朱炎

年龄：35 岁

职业：电脑修理员

月薪：5000 元

5 月 30 日，晴。

我从进入股市至今，已有十多年的实践了。起初，我总是亏钱，总是稀里糊涂地被主力牵着鼻子走，我很不服气，咬紧牙关挺了下来。进入第三个年头后，终于领略到了炒股的真谛。

之后的几年中，回报率一般都在 50% 上下浮动，即使在大熊市也能至少保本，或者还有赚头。要问我有什么盈利的秘诀，说起来其实十分简单。

我最重要的理念之一就是把股票看懂，而看懂股票首先需要信息，再依据信息进行逻辑推导，再去寻找一些证据，循环往复，直到自己对股市的预期与真实的走势相近。也就是说，在投资一只股票之前，必须能看懂这只股票。我认为，要想看懂一只股票，应该关注以下几个方面：

一是股票的主力状况，包括主力的成本、仓位、性质（单庄还是混庄）。

二是股票的板块地位。选股最好选热点板块，板块中最牛的要属于龙头股，既然要炒，为什么不炒龙头呢？

三是股票的操作时机。主力的耐心是散户无法想象的，如果发现一个强庄股，但过早买进，就是一件很痛苦的事情，说不定是高位买进，或需要盘整很长时间。

以上是看懂一只股票的大致要点，其中最难得莫过于第一条和第三条。

判断主力状况是需要证据的，不能凭空猜测。怎样找到证据呢？下面以一只股票为例，看看应该怎样用盘面已知信息进行逻辑推导。

如果这只股票横盘越久量能越小，这说明什么？那就是横盘越久，浮筹越少，浮筹去哪了？不会凭空消失，可能是主力吸筹。

如果这只股票横盘时的筹码解套或者获利不抛，说明有一部分涨幅散户很少拿得住，进一步说明主力在横盘拿了大部分筹码。

如果这只股票放量阴线不跌，这表明处于震仓状态，但是

换手也不是很高，那就说明主力锁仓。

如果该股近一个月高位震荡，散户跑掉，但是此时通过筹码测算，发现70%的筹码仍然在低位不动，那么这些筹码只能是主力的了，即主力高控盘庄股。

如果该股作为所在行业的龙头当之无愧，该行业前期走势不错，是热点，但在这一波调整中，很多跌得惨不忍睹，而这只股票却能强势横盘，这就足以说明这只股票的王者风范。

这是一个大致的主力分析思路，还有一些细节的东西还有待于学习和运用。

专家建议

股票的价格是不断变化的，导致价格变化的原因错综复杂，蓝领投资者涉足股票市场，就如同进入战场，只有做到知己知彼，才能获得投资回报。

没有人能一直看懂股票，因此建议多学一些基本知识：财务、国际金融、经济，多了解政治、历史、哲学、心理学，等等。不断保持进步，其余就要看自己的悟性了。

实战宝典

炒股慧眼表现为看懂大盘、基本面和技术面、K线图、行情表和财务报表，这是股票投资实战中必须具备的能力。

第一，如何看懂股票大盘

一是了解庄家试盘的盘面表现及含义。庄家在洗盘过程中，常在开盘后不久就用对倒的手法将股价小幅打低，来测试盘中浮动筹码的多少。

在这一过程中，如果立即引来大量的抛盘出场，说明市场中持股心态不稳，浮动筹码较多，不利于庄家推高股价，那么庄家会稍作拉抬后进一步打低股价，以刺激短线客离场，洗清盘面。

如果庄家的打压未引出更大的抛盘，股价只是轻微下跌，并且成交量迅速萎缩，说明市场中持股心态稳定，没有大量浮动筹码。当洗盘已经持续了一段时间，且整体看成交量已萎缩到一个较低的水平，若出现这种分时走势图，股价的大幅上升会即将出现。

洗盘结束后，庄家为了测试散户的追高意愿，会采取小幅高开后放量拉升的手法，观察是否有人跟风买入。假如伴随着成交量的不断放大，股价持续上升，说明散户追高意愿强烈，股价将在庄家与散户合力买盘的推动下步步走高。

相反，如若随着庄家对倒将股价小幅拉高后，盘面表现为价升量缩，股价上升乏力，表明散户追涨意愿并不强烈，庄家很可能反手作空，将股价打低。

二是看懂开盘走势。在多头强势市场中，开盘第一个 10 分钟内，多头为了吃到货会迫不及待地抢进，而空头为了完成派发也会故意拉抬股价，此时因参与交易的投资者较少，无须大量资金即可造成股价高开高走。

如果多方在开盘第二个 10 分钟内仍猛烈进攻，空方会予以反击，获利回吐盘的涌出将把股价打低。随着参与交易的人数越来越多，在第三个 10 分钟内股价走势趋于真实，多方若顶住了空方的打压，则股价回落后会再次走高，反之股价将一路下滑。所以，第三个 10 分钟的走势通常决定了一天的走势。

在空头弱势市场中，多头为了吃到便宜货，开盘时就会向下打压，空头也会竭尽全力抛售，导致开盘第一个 10 分钟内股价急速下滑；在第二个 10 分钟内，如果空方仍然急不可待，多方会迅速反击，抄底盘的大量介入则会阻挡空方的攻势；在第三个 10 分钟，多空双方相互争斗的结果则基本决定了一天中股价的走势。

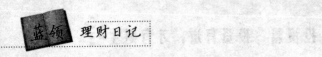
三是看懂尾盘效应。尾盘作为一天交易的终结，历来是多空双方必争之地，大盘最后 30 分钟的走向极具参考意义。

如果大盘经过了一天下跌出现反弹后又掉头向下，尾盘的 30 分钟很可能继续下跌，并导致次日大盘低开低走。所以，当发现尾盘走弱时，应积极沽售，以避开次日的低开；如果尾盘的 30 分钟涨势肯定，会不断涌出买盘入场推高股价，使次日高开高走。因此，在久跌、横盘后，当察觉尾市抢盘时应积极介入持仓，以迎接次日的高开。但有些时候，尾市拉高是庄家吸引散户追涨以利于次日出货的手段。

第二，如何看懂股票基本面和技术面

先来看如何通过看懂基本面选股。一只股票再好，但总有跌的时候，一只股票再差，也有涨的时候。选股离不开基本面和技术面这两个条件。

是否侧重基本面因人而异。有些人喜欢绩优股（所谓的价值投资），有些人却偏偏喜欢 ST（绩差股，炒重组题材）。有些人喜欢大盘股（国企，稳当），有些人就只炒小盘股（盘小，有发展，易炒作）。所以性格决定命运，与投资者的喜好有直接关系。

主流的基本面选股思路是：属于什么板块，价位，业绩；行业性质、现状、前景及企业在产业结构中的位置；企业在行业中的排名、企业产品的市场占有率，以及企业的毛利率、复合增长率、现金流量；总股本、流通股股本、每股盈利、主营业务利润率、长期负债、应收账款；股东变化情况，主力是否控盘等；政策是否支持该行业发展，等等。

基本面选股一般都是大师们做的。作为普通投资者，不具备做好基本面分析的条件，但是可以根据市场对于基本面消息的反映情况，来分析判断市场的大势，作为指导操作的参考。

技术面指反映及变化的技术指标、走势形态以及 K 线组合等。技术分析有三个前提假设，即市场行为包容一切信息；价格变化有一定的趋势或规律；历史会重演。如果认为市场行为包括了所有信息，那么对于宏观面、政策面等因素都可以适当忽略，而认为价格变化具有规律和历史会重演，就使得以历史交易数据判断未来趋势变得简单了。

看技术面要关注的内容包括：

一是 K 线图组合是否漂亮。

二是大盘趋势是否向上，个股是否盘出底部。判断因人而异，看趋势普遍使用的有两个方法，即均线和趋势线，趋势线就是低点与低点连线、高点与高点连线。

三是常用指标是否显示股票向上。这个更是因人而异了。不同的人用不同的指标。公认的两大指标是，均线和 MACD。前者显示一段时间的成本，后者指数平滑异同移动平均线，是从双移动平均线发展而来的，由快的移动平均线减去慢的移动平均线，MACD 的意义和双移动平均线基本相同，但阅读起来更方便。

第三，如何看待股票 K 线图

在大盘即时走势图中，白色曲线表示为通常意义下的大盘指数（上证综合指数和深证成分指数），也就是加权指数；黄色曲线是不含加权的大盘指数，也就是不考虑上市股票盘子的大小，而所有的股票对指数的影响都是相同的。参考白、黄色曲线的位置关系，我们可得到如下启示：当指数上涨时，黄线在白线之上，表示小盘股涨幅较大；反之，小盘股的涨幅小于大盘股的涨幅。当指数下跌时，黄线仍在白线之上，则表示小盘股的跌幅小于大盘股的跌幅；反之为小盘股的跌幅大于大盘股的跌幅。在以昨日收盘指数为中轴与黄、白线附近有红色和绿色的柱线，这是反映大盘指数上涨或下跌强弱程度的。红柱线渐渐增长的时候，表示指数上涨力量增强；缩短时，上涨力量减弱。绿柱线增长，表示指数下跌力量增强；缩短时，下跌力量减弱。在曲线图下方，有一些黄色柱线，它是用来表示每一分钟

的成交量。在大盘即时走势图的最下边，有红绿色矩形框，红色框愈长，表示买气就愈旺；绿色框愈长，卖压就愈大。

在个股即时走势图中，白色曲线表示这只股票的即时成交价。黄色曲线表示股票的平均价格。黄色柱线表示每分钟的成交量。成交价为卖出价时为外盘，成交价为买入价时为内盘。外盘比内盘大、股价也上涨时，表示买气旺；内盘比外盘大，而股价也下跌时，表示抛压大。量比是当日总手数与近期成交平均手数的比值，如果量比大于1，表示这个时刻的成交总手已经放大。量增价涨时则后市看好；若小于1，则表示成交总手萎缩。在盘面的右下方为成交明细显示，价位的红、绿色分别反映外盘和内盘，白色为即时成交显示。

第四，如何看懂股票行情表

股市行情表反映了每天的证券交易和证券价格变动情况，是投资者必须认真研究的信息。

沪深两地行情表大同小异。《上海证券交易所行情报表》与《深圳证券市场行情》不同之处和相同之处在于：

一是上海第一栏是证券代码，每一种证券的代码是三位数。其中第一位数字代表证券类别，如6代表上市股票，0代表国债，2代表上市金融债券，4代表上市企业债券。

二是上海行情表中有一栏是开业至今最高、最低价，指交易所开业至今各种股票成交的最高价格与最低价格。

三是上海证券交易所有"发行股数"一栏，指股票发行时的总股本，包括国家股、法人股、个人股。

四是上海行情表市价总额指当时收盘价乘以发行股数之积。

五是上海行情表上方的数据是所有各栏目当时的汇总数。其中成交笔数是各类证券当日成交业务量汇总数；上市品种与成交品种表示批准在交易所上市的证券种类和当日成交的证券种数，上市总额指批准在证券交易所上市的各类证券的发行数面额计算的汇总数。

六是目前上海证券交易所开市时间为星期一至星期五上午9：30至11：00，下午13：00至15：00；深圳证券交易所开市时间为上午9：00至11：00，下午14：00到15：30，法定节假日不开市。在开市时间里，成交的最后一笔价，即为收市价。收市价又分为上午（又称为前市）收市价与下午（又称为后市）收市价。

七是沪深两市每天每种股票第一笔成交的价格，为开盘价格。如30分钟后仍未产生开盘价，一般取前一日收盘价为当日开盘价。如前一日无成交价格，则由交易所提出指导价格，促使成交后作为开盘价。若首日上市买卖的证券，其开盘价取上市前一日的柜台转让平均价格；如无柜台转让价格，则取该证券的发行平均价格。

八是沪深两市最高每天的证券交易，成交的笔数很多，价格也不相同，行情表中的"最高"系指当天不同成交价格中的最高价格。有时成交的最高价格只有一笔，有时有几笔。

九是沪深两市的升、跌都用百分比来表示。升、跌是指以当天的收盘价格与前一天的收盘价格比较而得到的结果，正为涨，负为跌，涨跌幅度用百分比来表示。

十是沪深两市往往将成交量与成交金额分开来，前者以股数来计算，后者以金额来计算。

十一是沪深两市都适当利用停板。为防止股票暴涨或暴跌，在某只股票出现上涨10%或下跌10%时，便不能继续上涨或下跌，即所谓"涨停板"或"跌停板"。

第五，如何看懂股票财务报表

看懂财务报表不容易，而且股票里没有详细的财务报表，都是些分析指标。因此，蓝领投资者要学习一些财务知识，关注分析上市公司的年度财务报表，了解各项经济指标，以判断是否应该继续持有其股票。

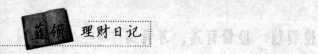

另外，最简单的方法就是看每股收益，当然得结合股价来看，比如10块钱的股，每股收益1块和30块钱的股，每股收益1块，当然是10块钱的好了。其他的指标主要是它的负债，上市公司负债小了或大了都不好，显示对负债的偿债能力指标有流动比率、速动比率。这两个指标越高，表示上市公司偿债能力越强。筛选的时候看市盈率大小就可以，30倍以下可以进行投资，30倍以上的可以进行投机，但要把握好入市时机和获利了结出局。

消费篇 理性消费，物有所值

　　蓝领是我国最大的消费群体，但是有的消费具有良好消费能力的蓝领在具体消费时呈现出非理性消费的特征。本篇内容从倡导绿色消费入手，提出如何养成良好的消费习惯、掌握购物技巧，以及利用假期进行消费与理财相结合的策略，帮助蓝领在消费中理性选择，物有所值。

遵循绿色消费原则

当人类正面临着由于环境污染和资源耗损造成的生存危机的关键时刻，能够接受"绿色消费"的理念，并能扎实地付之行动，将会改变整个人类的命运。

人活着，就必须消费。消费一旦发生，环境就会受到影响，因为，几乎所有消费品最终都是从环境中来的。可惜，传统消费只关注人的需求，忽视消费造成的环境影响。此时之环境犹如俯首的孺子牛，吃的是种种废物，挤出的是大量资源。长久的付出与忍受，使得环境终于不堪重负，爆发出众多问题——局地环境污染日益严重，全球环境状况急剧恶化，自然资源衰竭，生态破坏，生物多样性减少。为了解决这些环境问题，绿色消费应运而生。绿色消费是人类理性选择和道德自律的结果，是人类发展绿色文明的必然要求。

理财案例

姓名：朱丹

年龄：30 岁

职业：公司打字员

月薪：2500 元左右

4月20日，阴转多云，穿衣指数3级

2007年2月，我和老公用家里的所有存款，再加上老公的父母和我父母出钱帮助，凑足了首付，通过中介公司，从开发商手里买了一套位于现代城公寓2号楼两室一厅的房子。简单装修完入住后，发现室内充斥着一股难闻气味。我找到有关部门请求检测，结果发现：空气中氨浓度超标。经查，这是施工单位施工时在混凝土中加入了含氨的防冻剂所致。

在事故发生后，开发商曾采取应对措施，但并未完全消除室内的氨气。因此，我和遭遇同样情况的业主张权将开发商告上法庭并索赔60余万元。

今年4月16日，法院一审判决开发商一次性补偿我和张权各5万元。

这次维权官司的胜诉和赔偿更增强了我的环保意识。我开始学习一些关于节电、节水、垃圾分类等方面的知识。就在法院判决结果下来的第二天，我就将家中40瓦的灯泡全部换上32瓦、8瓦的节能灯，水龙头也换上节水龙头，洗菜、洗衣的水分别用来浇花、涮拖布。一年下来家中电费、水费均节约三分之一。

专家建议

21世纪是人类从传统工业社会向以高新技术为主的新经济社会迈进的时代，是从资源推动型增长向可持续发展转化的时代。合理利用资源、重视环境保护、发展绿色产品是这一时代的主流。绿色住宅是以可持续发展战略为指导，在住宅的建设和使用过程中，有效利用自然资源和高新技术成果，使建筑物的资源消耗和对环境的污染降低到最低限度，为人类营造舒适、幽美、洁净的居住空间。

"生态家居"是一个综合环境概念，它包含多个基本条件：声、光、水质、

地质、绿化率、抗灾能力等自然环境，通风、换气、日照、采光、空气清洁度、温度、相对湿度、建材、饰材及施工技术等室内空间环境。

根据生态指标，室内全年应保持室温在 17℃ ~ 27℃之间，相对湿度在 40% ~ 70%之间。规划设计合理，建筑物与环境协调。房间光照充足，通风良好，厨房、卫生间异味气体能在瞬间散发；房屋围护结构御寒隔热，门窗密封性能、隔音效果符合规范标准；供热、制冷及厨房等，尽量利用清洁能源、自然能源或再生能源。全年日照在 2500 小时以上的地区，普遍要装太阳能设备；饮用水符合国家标准。排水深度净化，达到可循环利用标准。新建小区须敷设中水系统；室内装修简洁适用，化学污染低于环保规定指标；有足够的户外活动空间，小区绿化覆盖率不低于 40%，无裸露地面。

由此看来，环保和健康是"生态家居"的两大关键词，而"生态家居"是比"绿色家居"标准更高、综合指数更宽泛的人居环境概念，是人与自然如何和谐共处的一种态度。很多人把"生态家居"等同于植树种草、原木装修、假山假水、田园风情，认为这些就是生态的代名词，其实，这种对生态的理解，只能说是停留在一种表象之中，更多时候是走入了一种误区，甚至是违背生态原则，反其道而行之。

比如以回归自然为主题的原木装修，就不能说是一种很"生态"的家居方式，因为这直接导致了对树木的采伐。而"居家生态系统"则是建立在以人为本的基础上，利用自然条件和人工手段来创造一个有利于居住的，舒适、健康的生活环境，同时又要控制自然资源的使用，多使用人造、复合、可循环利用的材料，有利于整个大生态环境，实现向自然索取与得到自然回报之间的平衡。

健康是"居家生态系统"要解决的基本问题。《室内装饰装修材料有害物质限量》十项国家强制性标准颁布实施已多年，大家现在装修也在尽量杜绝有毒有害物质，有意识地使用绿色建材，但是，谁会知道家中是否有一些隐形的污染源呢？

家其实是一个相对封闭的空间，空气在非常有限的空间里流动，凡是藏污纳垢的角落最终都会演变成室内的污染源，进而殃及家人的健康。以浴室为例，当年装修为节省预算买的廉价瓷砖、洁具，表面布满气眼和颗粒，在长时间通风不良、温热潮湿的环境下，就成了细菌滋生的温床，这些霉变随着气流散布，致使整个房间都受到了污染。同样，审视一下家里所有的布艺、沙发套、地毯、壁纸，乃至人们极力推崇的绿植，滋养这些植物的土壤同时也滋养了无数有害的虫螨，成为长时间潜伏在家中的隐形杀手。很多现代人的亚健康状态，都可能是因为长时间生活在这样的环境里造成的。

家居环境对肌体的影响非常大。肌体需要不断地吐故纳新才能保持其旺盛的活力，通风在"居家生态系统"中就是起到呼吸的作用，但是不当的格局设计会使通风产生不利于健康的反效果。

中国有句俗话叫"病床"，就是人在睡眠时身体的一种慢性损伤，因格局不当而造成的通风问题就可能是原因之一。还以浴室为例，浴室离床很近，空气的湿度太大或已经被污染，在这种污浊的空气里休息，对健康的影响是可想而知的。同样，居室里的家具、音响、燃气灶，以及作为居室内外媒体的墙、门窗都能形成居室小气候。居室里存在的温差可以促使室内的空气流动，这股流动的空气既可带来外界清新氧气，也可以将室内残存的有害气体弥散开来，装着脏鞋子的鞋柜、通风不畅的衣柜等，这些家具摆放的位置是否合理，都会影响处在这个空间的人的身体健康。为了保证居室里有较好的空气，居室里的植物、灯光、家具等摆设都必须讲究科学性，使各个物体之间有一定的空间，创造一个有利于健康的"家居生态"环境。

此外，绿色居室要有多种室内植物。居室内适当绿化，能改善室内环境，绿色植物有净化空气、除尘、杀菌和吸收有害气体的作用，例如吊

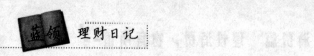

兰能吸收氮氧化物，虎尾兰能吸收甲醛气体，等等。

绿色家居用品拒绝铝制炊具，因为使用不当会使铝元素过多地摄入人体，并且吸收后很难从体内排出，造成早衰和老年性痴呆症等，建议使用铁锅和不锈钢类炊具炒菜、做饭。家庭清洁洗涤用品应选择不含有毒化学物质的产品，最好不要使用含氟的空气清新剂。

在生活中，如果每个人都有意识地选择"生态家居"，那么这些信息就将会汇集成一个信号，引导生产者和销售者正确地走向可持续发展之路。

为了健康，选择绿色；为了健康，保护绿色，创造一个绿色消费的时代！

消费指南

现代社会，实现"绿色消费"需要遵循以下绿色消费原则。

第一，理解"绿色消费"的含义

何为"绿色消费"？绿色，代表生命，代表健康和活力，是充满希望的颜色。国际上对"绿色"的理解通常包括生命、节能、环保三个方面。

绿色消费，包括的内容非常宽泛，不仅包括绿色产品，还包括物资的回收利用，能源的有效使用，对生存环境、对物种的保护等，可以说涵盖生产行为、消费行为的方方面面。它主要是指"在社会消费中，不仅要满足我们这一代人的消费需求和安全、健康，还要满足子孙万代的消费需求、安全和健康。"它有三层含义：第一，倡导消费者在消费时选择未被污染或有助于公众健康的绿色产品；第二，在消费过程中注重对垃圾的处置，不造成环境污染；第三，引导消费者转变消费观念，崇尚自然、追求健康，在追求生活舒适的同时，注重环保、节约资源和能源，实现可持续消费。

绿色消费不是消费"绿色"，而是保护"绿色"，即消费行为中要考虑到对环境的影响并且尽量减少负面影响。很多消费者一听到"绿色消费"这个词的时候，很容易把它与"天然"联系起来，这样就形成了一个误区——

绿色消费变成了"消费绿色"。

有的人非绿色食品不吃，但珍稀动物也照吃不误。据媒体报道，有的野味店里被执法单位查出国家一级、二级的珍稀动物；非绿色产品不用，买菜想买没有被农药污染，没有施用化肥的有机蔬菜，但是每买一种菜就用一个塑料袋；家居装修时非绿色建材不用，家居装修完毕后却将建筑垃圾随处乱倒，一次性的碗、筷堆积如山。他们所谓的绿色消费行为，只是从自身的利益和健康出发，而并不去考虑对环境的保护，违背了绿色消费的初衷。

真正意义上的绿色消费，是指在消费活动中，不仅要保证现代人的消费需求、安全和健康，还要满足以后人们的消费需求、安全和健康。

据有关媒体报道，尼泊尔是生态旅游搞得比较成功的国家。旅游者在进入风景区以前，随身所携带的可丢弃的食品包装必须进行重量核定，如果旅游者背回来的垃圾没有这么多，会遭到罚款。每个游客只允许携带一个瓶装水或可以再次装水的瓶子，而在山上，瓶装水是不准许出售的。

第二，反对攀比和炫耀

随着生产力的发展和社会的进步，人们的消费动机日益呈现出多元化的趋势。这本不是坏事。但是，在日常生活中，不少人热衷于相互攀比，追求奢侈豪华，以示炫耀。他们竞相追逐新鲜的、奇特的、高档的、名牌的商品，其行为可谓"醉翁之意不在酒"，而在于那些商品的社会象征意义。

攀比和炫耀容易形成浮华的世风，刺激人们超前消费和过度消费。更可怕的是这种消费的陋习现在越来越多地侵害了孩子，他们也在步大人的攀比和炫耀消费心态的后尘。比如有个别的孩子刚买的衣服没有穿多久，就不想再穿，要求家长买新衣服，不只是物质资源造成浪费，而且还对环境造成污染。

第三，拒绝危害人和环境

绿色消费主张食用绿色食品，不吃珍稀动植物制成品，少吃快餐，少喝酒，不吸烟。

消费绿色食品有利于人体健康，可以促进有机农业的发展，减少化肥和农药的使用。要选择未被污染或有助于健康的绿色产品，同时，在消费过程中注重对垃圾的处置，不造成环境污染。这就要求消费者转变消费观念，崇尚自然，追求健康。

另外，还要保护珍稀动植物，有利于维护物种的多样性。多样性意味着稳定性，稳定性意味着可持续发展。同时也要拒绝吸烟和酗酒，吸烟和酗酒除了危害人体健康，还影响空气质量和粮食供应。

第四，避免线性的消费方式

传统消费基本上是一种单通道的线性消费过程，在其中，自然资源被转化为用品以满足人的需求，用过的物品大多被当做废物抛弃。这种高排放的线性消费加快了资源消耗和环境退化，显然是不可持续的。

事实上，某一消费主体的废弃物很可能对另一消费主体具有使用价值，对消费废弃物进行再资源化处理，既减少了资源索取量，也减少了污染数量。

为此，消费者要通过重复使用和多层利用，提高物质利用率；通过分类回收，促进废物的循环再用，提高废物的再资源化率。比如：买东西时自带购物袋，外出时自备水杯和牙刷，保存食物时多用密封盒少用保鲜膜，随身带手帕以减少纸巾的使用，尽可能维修坏了的物品，把废弃物卖给回收站或分类放置。

总之，要一物多用，不要用过即扔，要物尽其用，不要抛弃尚能发挥作用的物质；要化废为宝，使废弃物成为可再用的资源。这样做，则单位资源创造的财富就更多，对自然资源的索取就更少，对环境保护的贡献就更大。

第五，避免过度消费

过度消费不仅增加了资源索取和环境负荷，而且助长了人的消费主义和享乐主义。

我国民间流行的婚丧大操大办、大放鞭炮、大吃大喝等现象也属于过度消费。这些行为既浪费资源，又给环境造成污染，对人对己对环境都是弊大于利。

节俭消费则会减少资源索取和环境负荷，有利于环境保护；如果人主动地放弃多余的物质消费，对充实精神生活、提高精神境界也是很有好处的。在环境问题日益严重的现代社会，实行节俭消费尤其必要。

因此，现代社会只有实现合理消费、绿色消费，才能努力实现社会和谐，实现可持续发展。

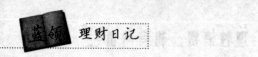

养成绿色消费习惯

选择绿色消费，不仅选择了一种生活方式，追寻一种精神品质，更是确立了一条走向未来的可持续发展道路。这既是一种时尚，又是一种责任。

在消费的时候能够考虑到环保，这能使人们的身体变得更加健康。选择绿色消费不过是举手之劳，对保护环境却有着巨大的推动作用。

理财案例

姓名：张阳

年龄：40 岁

职业：全职太太

爱人月薪：5000 元左右

4 月 29 日，阴转多云。

今天，我在大桥菜市场买了两棵有"绿色蔬菜"标志的白菜，价格虽然很高，但心里很高兴，毕竟好长时间没看到这样的白菜了。

回家做午饭时，我用一棵白菜为主料，做了一道拿手的"醋熘白菜"。我将白菜（内层菜帮和菜心）洗净，先切成六分宽的长条，再切成一寸长的斜方片。然后锅放在炉火上，放入食油烧热，下姜末煸炒出香味时，放入白菜，翻炒几下，加入精盐、白糖、酱油炒匀，再烹入醋急炒几下，闻到醋味时出锅。一道久违的"醋熘白菜"被端上了饭桌。

专家建议

绿色消费对于张阳来说已不再是陌生的了。在日常生活中，只要树立绿色消费的观念、就能在方方面面体现出来。比如购买绿色食品，使用环保袋，垃圾分类，等等。张阳用"绿色蔬菜"——白菜，做出了色香味俱佳的"醋熘白菜"，在满足了饮食需求的同时，也带来了健康。建议张阳日后在衣食住行各方面都以绿色消费的理念来指导，不仅提升了自己的生活品质，也为改变大环境作出了一份贡献。

消费指南

消费是日常生活的一部分，消费习惯直接影响生活质量。这里有一些建议，能帮助蓝领改掉不良消费习惯，养成绿色消费习惯和生活方式，使消费有利于绿色环保。

第一，节约资源，减少污染

一是节水。据分析，家庭只要注意改掉不良的习惯，就能节水70%左右。与浪费水有关的习惯很多，比如，用抽水马桶冲掉烟头和碎细废物；为了接一杯热水而白白放掉许多冷水；先洗土豆、胡萝卜后削皮，或冲洗之后再择蔬菜；停水期间，忘记关水龙头；洗手、洗脸、刷牙时，让水一直流着；睡觉之前、出门之前，不检查水龙头；设备漏水，不及时修好。仅从以下几个生活小细节，就可看到节水效果。淋浴擦香皂时关掉水龙头，洗一次澡可以节约60升水；用口杯接水刷牙，只用0.5升水，如果让水龙头开着

5 分钟，则要浪费 45 升水；洗菜时用盆接水洗，而不是开着水龙头，一顿饭可节省 100 升水。家庭节水除了注意养成良好的用水习惯以外，采用节水器具很重要，也最有效，既省钱，还能保护环境。节水器具种类繁多，有节水型水箱、节水龙头、节水马桶，等等。

查漏堵流，不要忽视水龙头和水管接头的漏水。实验表明，一个水龙头如果一秒钟漏滴一滴水，一年便滴掉 1.8 吨水。发现漏水，要及时请人或自己动手修理。一时修不了的，干脆用总开关暂时控制水压也是权宜之计，然后赶紧找人维修。把水龙头的截门拧小一半，漏水流量自然也小了，在同样的时间里流失水量也减少一半。另外，做到一水多用是十分可取的。日常生活中我们可以摸索出很多一水二用或者多用的办法。洗菜、淘米水可以用来浇绿地、浇花，洗衣服的水可以用来拖地、冲厕所。洗脸水可以用来洗脚，然后再冲厕所，等等。国外一些环保型建筑，能把落在屋顶上的雨水收集起来，再用于洗车、浇花或清洁房间。

二是节纸。纸张是可以再生的，但是废纸的再生过程也会产生大量的有害废弃物。印刷用纸要回收再制，都必须经过一道脱墨过程，产生两大产品：一边是不含油墨、可以用来制纸的纤维，另一边则是大量的淤泥。再生纸通过一系列的使用而有所变化，从新闻纸到板箱纸，再到最后用作堆肥或在同一生产厂内作燃料。在这一过程中，纸张的物质性能是递减的。而且，生产再生纸要消耗很多能源。双面使用纸张，将纸的使用寿命延长 1 倍，相当于减少了一半的废物，也节约了能源。

拒绝过度包装是节纸的重要一项措施。不少商品特别是化妆品、保健品，其包装费用已占到成本的 30% 至 50%。过度包装不仅加重了消费者的经济负担，同时还增加了垃圾量，污染了环境。

三是节电、节能。许多实例表明，只要选到优质节能灯，这种投资不超过三个月即得到回报。作为新型照明产品的节能灯，与同样亮度的白炽灯相比，可以节电 80%。据专家计算，如果在全国范围内推广使用 12 亿只节能灯，其节电效果相当于新建一个三峡工程。

购买洗碗机、电视机、洗衣机或其他电器时，选择效率较高的型号。注意选择购买有节能评定标签的产品。电器不用时，拔掉电源插头，既安全又环保。

不要让电视机长时间处于待机状态。待机状态指的是，只用遥控器关闭，实际并没有完全切断电源。每台彩电待机状态耗电约每小时 1.2 瓦，算起来，大约每 40 天耗 1 度电。

平常居家，热天多用风扇，少用空调，保持冰箱处于无霜状态。

无论是煤炭、石油还是天然气，碳是所有化石燃料的重要组成部分。这些燃料在燃烧提供能量时，二氧化碳即一种"温室气体"，就被释放到地球的大气层中。如果不采取积极的减排措施，全球平均气温将上升，恶劣天气更加频繁，农业生产受到危害，我国某些沿海城市就有消亡的危险，人类可持续发展的目标面临着严峻威胁。

为了实现碳排放减少，要节约液化气、煤、天然气：炒菜时，先把锅底的水倒干再开火放油；使用高压锅煮东西；外出时尽量骑自行车或乘公共汽车；开私家车时，在驾驶过程中学会和坚持运用节能降耗安全科学的驾驶技巧。

第二，适度消费

整体国力水平还不是很强之际，"适度消费"应成为一种理念。一是满足基本生活的需求，不是以"张扬"显赫为目的。二是追求舒适，不以攀比豪华为目的。三是追求健康，不以贪图享乐为目的。

例如，关于夏季冲凉的次数。夏季，有些人因为出汗多，就频繁地冲凉。有的人没有多大活动，出汗不多，但为了贪图凉快，一天也洗好几次澡，这样频繁地洗澡好不好？可以肯定地说：不好，一是浪费水，二不利于身体健康，过多的冲洗会令肌肤本身的水分丧失，此时肌肤的 PH 值容易失

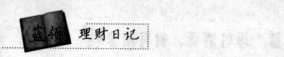

去平衡，易使肤色变黑、色素斑加深，夏日一天洗一次足矣。头发也不宜天天洗，三天的时间间隔最合适，以免头发因缺乏油脂而变干变黄。

普通百姓家庭，很多家长生怕孩子营养不够，总是想方设法为孩子进补，每天汤水不断，补品不停。其实滋补品中类激素的含量比较高，小孩吃多了很容易会导致性早熟；有的小孩频繁光顾麦当劳、肯德基，殊不知，世界卫生组织评选的十大垃圾食品，首推油炸类食品。这些垃圾食品除了价格贵以外、还对健康不利，尤其会影响脑部健康，呼吁现代人要多吃新鲜蔬菜、水果及鱼类。

适度消费还涉及装修一项，应简化装修。近年来，越来越多的人开始重新装修自己的房屋，并以此作为生活水平提高的一种标志。殊不知，过度装修房屋不但浪费了大量资源，同时也把健康杀手带进了房间。

现在来看看在新装修的房屋中存在哪些危害健康的隐患：氡气存在于建筑材料中，诱发肺癌；石棉是强致癌物质，存在于防火材料、绝缘材料、水泥制品中；甲醛是常见的室内污染物，引起皮肤敏感、刺激眼睛和呼吸道，存在于家具黏合剂、海绵绝缘材料、墙面木镶板中；挥发性有机物如苯等，存在于装修材料、油漆、清漆和有机溶剂中，多具有较大的刺激性和毒性，能引起头疼、过敏、肝脏受损，甚至导致癌症。此外，一些过度的装修还会造成房屋承重过大、抗震性减弱、易燃烧、易引发火灾等致命的缺陷。

所以，应该尽量简化装修。这样除可以节约资源外，还可以避免把隐患带回家。若要装修，也应尽量使用环保建材，同时采用种养绿色植物、开窗通风等方式，减少室内污染。

第三，绿色消费，环保选购

做到绿色消费，环保选购，就能把手中的钞票变成一张"绿色选票"。哪种产品符合环保要求，就选购它，让它在市场上占有越来越多的份额；哪种产品不符合环保要求，就不买它，同时也动员别人不买它，这样它就会逐渐被淘汰，或被迫转产为符合环保要求的绿色产品。

在日常生活中，选择那些低污染低消耗的绿色产品。比如选用环保电池。由于电池应用广泛，消费量大，难以回收，而且回收利用没有什么经济效益。所以，国家近年来对废电池污染采取的对策像发达国家那样，从源头实现电池"无汞化"。

无汞电池的含义，是指电池中的汞含量小于电池重量的0.001%。应大力提倡消费者选用碱性电池，无汞碱性电池的汞含量均在0.0001%以下，与未被污染的土壤中的汞含量接近，因此废弃后对环境基本没有影响。

据有关人员介绍，废旧无汞电池不必回收和单独处理，可以与生活垃圾一起填埋处理，这样就从源头上解决了废电池的污染问题。但目前我国市场上碱性电池的市场占有率仍未达到30%，这与我国消费者的消费习惯有关。

从消费意义上说，节能环保电池的价格尽管高一些，但其所体现出来的节能、环保指标却是普通碳性电池的好几倍。以南孚电池为例，从电量指标上看，一节南孚碱性电池的电量是同等规格碳性电池的6倍；从寿命指标上看，普通碳性电池的寿命是六个月，电池能保持原电容量的70%，碱性电池储存期则是三年，三年内南孚电池的电容量还有90%。

从社会意义上说，碱性电池所采用的生产材料更加节约社会能源。由于不使用天然锰矿，其使用的二氧化锰可以采用低品位的碳酸锰或者其他锰矿石进行加工，因此不存在资源短缺问题，而碳性电池主要成分是天然锰。

再比如多用肥皂，少用洗衣粉和洗涤剂。肥皂是由天然原料——脂肪加上碱制成的。肥皂使用后排放出去时，很快就可由微生物分解。所以相对来说，肥皂在生产和使用上，对环境的影响是轻微的。与肥皂相比，洗涤剂对环境的影响较大。合成洗涤剂的制造过程中产生大量的废水和废气，它的使用，特别是含磷洗涤剂的使用，又增添了一系列的环境污染。含磷

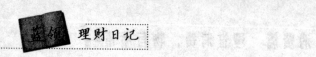

洗衣粉对环保最大的危害是导致水体的富营养化。含磷洗衣粉进入水源后，会引起水中藻类疯长，水中含氧量下降，水中生物因缺氧而死亡，水体也由此成为死水、臭水。

因此，为了尽量减轻对环境的破坏，人们都应该多用肥皂，少用洗涤剂，天然皂粉与洗衣粉一样好用。尤其值得注意的是去油污的餐具洗涤剂、洗衣粉、洗发水、浴液中含有少量十二烷基苯磺酸钠，有损身体健康，因此要选用无磷洗衣粉、生态洗涤剂。

最天然的餐具洗液是六七十度的淘米水、面汤，它们的去油污效果特别好。

另外，应该选择具有环保标志的产品。在购买绿色产品时，可上网查询该产品是否获得中国环境标志，对撤销的环境标志产品认证企业名录有所了解，也可通过上网了解相关的绿色消费知识和绿色产品评定标准。

第四，重复使用，多次利用

尽量自备购物包，自备餐具，尽量少用一次性制品。

比如少用一次性筷子。一株生长了二十年的大树，仅能制成6000~8000双筷子。我国每年生产一次性筷子约1000万箱，其中600万箱出口到日、韩等国。一次性筷子本是日本人发明的，日本的森林覆盖率高达65%，但他们却严禁砍伐自己国土上的树木来做一次性筷子，他们使用的这种木筷都是从中国进口的，用过之后，又将筷子加工生产成纸浆出口到中国换取外汇。像餐馆用的一次性台布、旅馆用的一次性洗漱用品等，在韩国早已没了踪影。

再如不用一次性非降解餐盒。塑料制品是以石油为原料制成的，塑料工业的原料本身是石油工业的副产品，塑料生产不仅消耗大量的不可再生资源，而且产生大量污染。非降解塑料餐盒的广泛使用，会产生大量废物。废弃后的塑料再利用价值低，再生产成本高（约3000元／吨），且回收困难。在环境中不易生物降解（据研究表明，掩埋于地下的塑料需要上百年时间才能降解），焚烧处理又会造成二次污染。

很多旧东西都是可以再使用的，更换笔芯，而不是总买新笔；小孩用牙膏盒做纸人等纸制手工品，把旧玩具的零配件收集起来拼装成自制玩具，把塑料泡沫切割做成城堡，用冰激凌木棍做木制工艺品；用旧衣服做墩布、缝沙包，把纸盒子剪成书摘卡片，旧牙刷用来洗餐具、刷洗鞋子；旧购物袋用作垃圾袋；新衣服上的标签用作书签和备忘录等都是很好的方法。

第五，垃圾分类，循环回收

在生活中尽量将垃圾分类、回收，像废纸、废塑料、废金属等，使它们重新变成资源。铝制易拉罐再制铝，比用铝土提取铝少消耗 71% 的能量；把 1 千克铝循环再利用，可以减少二氧化碳的排放。再生纸是用回收的废纸生产的。每张纸至少可以回收两次。办公用纸、旧信封信纸、笔记本、书籍、报纸、广告宣传纸、纸箱、纸盒、纸餐具等在第一次回收后，可再造纸印制成书籍、稿纸、名片、便条纸等。第二次回收后，还可制成卫生纸。1 吨废纸 =800 千克再生纸 =17 棵大树。在很多国家使用再生纸已经成为时尚，人们以出示印有"再生纸制造"的名片为荣耀，以表明自己的环境意识和文明教养。1 吨废塑料 =600 千克汽油。回收一个玻璃瓶节省的能量，可使灯泡发亮 4 小时。

每月清理一次塑料废品、废纸、废玻璃、废金属，卖或送给废品回收站。使它们得到循环利用，特别是有机材料循环再用，例如纸、卡纸板等，可以避免从垃圾填埋地释放出来的沼气引起温室效应。

第六，救助物种，保护自然

拒绝食用野生动物和使用野生动物制品，制止偷猎和买卖野生动物的行为。比如广州是个讲究美食的地方，素有"食在广州"的说法，但绿色

消费往往被理解为吃野味、吃天然美食等含义。"非典"的教训使这种不好的消费倾向改变了。

我国制定了很多关于环保的法律法规，如《中华人民共和国环境保护法》、《中华人民共和国固体废物污染环境防治法》、《中华人民共和国环境噪声污染防治法》等，以制裁破坏环境的不良行为。每一个人都是环境破坏的直接受害者，只有人们共同参与，从我做起，才能建设出具有美好生态环境的生存空间。

还有很多种方法可以减少污染、节约能源和防止全球气候变化，只要想方设法在现实中去实行，无论是对当代还是子孙后代，其好处都将是无穷的！

掌握购物原则和技巧

成为一个购物达人不仅要学会买便宜货，更要精明消费。一个掌握购物原则和善用技巧的蓝领，同样能享受购物带来的快乐。

在生活中，蓝领阶层都会为花钱购物这样的小问题纠结。并非衣食无忧，却活得比别人出彩，就要懂得在购物上省出钱来，更好地生活。

理财案例

姓名：郑欢

年龄：30 岁

职业：电梯员

月薪：3500 元

4 月 29 日，晴，无风，穿衣指数 4 级。

我特别爱逛商场、超市，就连小商品市场我都喜欢逛。我逛市场可不全是为了买东西，而是去了解行情，等出手时不至于挨宰。在多年的"游逛"历练中，我总结了五大省钱策略。

一是列好购物清单。购物最忌讳冲动，我在购物前会事先做个"资产清查"，列好清单，做到心中有数，然后货比三家，理智购物。此外，进商场后我会绕开时尚商品柜台，减少无谓的开支。

二是减价时再出手。常逛商场最大的好处是了解行情，留心一些所需东西的价格，等到促销或大减价时再购买。但有一点

需要牢记，时刻保持理性的消费观念，只购买预算中的物品，不要贪图便宜购买一些不需要的东西。

三是建立购物人脉。对日用消费品不必非到大商场购买，在家附近的平价商店既经济又实惠，购买次数多了，和商店老板混熟了，建立人脉，这样一来，有的时候还能得到老板的额外折扣。

四是善用银行信用卡。信用卡不仅可以透支消费，而且还可以积分换礼品，用好了不仅实惠，还灵活方便，但一定要记好信用卡的还款日期。

五是积攒产品宣传单上的优惠券。许多商家会发大量的宣传品，我就把上面的"优惠券"、"抵扣券"剪下来，这样可以节省不少钱。

眼看就要五一放假，正好赶上我和同事轮休，我要利用这个机会，再次实施我的购物省钱策略，去购买计划中的东西。

专家建议

人类在为自己的高智能沾沾自喜时，往往遗忘了原始冲动，尤其在购物时。糟糕的是，营销行业许多聪明的脑袋却想方设法要剥夺人们最后的控制力。对此，郑欢的购物省钱策略是值得肯定的。当然，除此之外，蓝领还可以参照以下几种有效的购物省钱方法。

一是给购物按一下"暂停键"。在挑选商品和付款之间，再随便溜达一下或出去透透气。心理学研究表明，中断购物能让人的脑子"重新洗牌"，停顿后人们会反问自己"是否真需要买这些东西"。另一方面，在打算买某样东西时，大脑会释放"快乐激素"多巴胺，但付了钱后多巴胺便迅速消散，让人渐生悔意。所以，要是能客气地拒绝导购人员的消费引导，那么光看不买倒是两全其美的好办法。

二是弃用信用卡。别被信用卡的积分和礼品蒙蔽，它对人而言就像一种游戏币，而脆生生的钞票才是能让人感受到挣钱之苦、花钱之痛的"真钱"。就像饿坏了的人遇到美味一样，用信用卡结账还会激发人们多巴胺的分泌，导致过度消费。

三是别迷信"品牌"。据一项研究显示，人们习惯把心爱之物赋予自己喜欢的人格特征，而时尚设计师们就是不断给品牌赋予各种性格特点，让它具有吸引人的灵魂。这样，购物不再是简单的挑选商品，而变成选择一个生活伴侣或精神群体，让很多人甘愿一掷千金。其实，这些商品的品质往往也就是平均水平。

四是带家人逛街。人们常会花更多的钱来维持自我形象。所以为了节省不必要的开支，最好别和朋友一起去买东西；但作为"自己人"，家人锐利的目光却能抑制购物狂热。

五是抑制恐慌感。原始人面对困境时会本能地储存粮食以应对危机，在这种本能的驱使下，人们在经济不景气时也容易疯狂囤积商品，这种不安全感可能让商家见缝插针。

六是不要被"特惠"商品诱惑。人们在受到别人点滴之恩时，倾向于涌泉相报，这在心理学上称为"溢出效应"。所以，蓝领在货架上看到特惠商品，或者听到商家说"这是最后一件商品，你真幸运"时，可能出于回报而买下多余的东西。其实，羊毛出在羊身上，对商家不会如此仁义。

总之，购物省钱策略因人而异，关键是自己能在实践中总结经验，吸取教训，做到理性消费。

消费指南

在收入低、消费高的现状下，如何用较少的钱满足自身较高的消费需求，成了蓝领阶层急需解决的问题。从消费的角度来讲，理财就是指用一定数量的金钱获得自身更大需求的满足，即是指在实现消费的过程中节省下来的钱就相当于是赚来的钱。这就需要遵循一定的购物原则，并善用购物技巧。

购物原则主要体现在以下三个方面。

一是要多听取专业意见。现在的许多商品都具有很多功能，但并不是功能越多就越好，选择适合自己的商品才是最重要的。购物要讲究物有所值。另外一个就是学习一些上网的小窍门（例如增快网速、网站下载、在线通话等），在保持了原有上网品质的同时，网费、电话费的支出也会有较大幅度的下降。

二是要有长远眼光。购物不能只看眼前利益，要考虑到长远。例如在购买手机的时候，就要考虑到手机的更新换代。目前有一些手机确实是很便宜，但是它们都已经是不流行、要被淘汰的产品。如果只想着现在少花一些钱购买了这样的商品，不仅很快就被淘汰，而且维修、换配件也有可能产生问题。因此，不如多花一些钱来购买功能时尚、相对流行的商品，相对减少了更新换代的费用。还有就是将来要购买的商品如果现在有能力购买的话，可以考虑提前购买，这样可以节省下在购买商品之前所须花费的不必要的费用。例如买房，早买房就可以省下租房的费用，用租房的钱来买房。

三是适当进行贷款。贷款消费好像不应该出现在理财方式里，其实不然。其一，贷款消费在蓝领的一生中是不可避免的，像买房就不可避免要使用贷款。其二，适量的贷款消费可以满足人们的精神需求，当然这是需要物质作为抵押的。总之，只要掌握好一个"度"就行了，注意避免贷款贷成了"百万负翁"。

至于购物技巧，理财专家总结为"五勤"，分别是：勤说、勤算、勤学、勤看、勤跑。

"勤说"，即是指砍价。砍价是最实用的理财方式之一。砍价的地方在日常生活中无处不在，从买菜到买大件商品都可以用上。其实就是在一般人们认为很正规的商场也是可以砍价的。不妨在商场里试试，柜台服务人员在听到顾客提出砍价要求之后，一般会考虑给一定的优惠，例如 VIP 卡的折扣。就算在价格上不能降了，他们也会给予一些其他方面的优惠，例如赠品等，即使最后砍价不成也不要紧，多说一句话又不会累着自己，这可是一个"无本取利"的理财好方法。

　　"勤算"，即是指要善于计算。许多商家利用一些数字游戏来引诱消费者。例如，商家经常会进行一些购物返券的活动，如消费 100 元返 50 元购物券，许多消费者都误认为这是相当于 5 折的促销活动，其实不然，这只是最高折扣为 6.7 折的促销，而且加上消费者购物金额一般有一部分是不足 100 元无法参加返券，使得消费者实际所获得的折扣一般都在 7 折以上。

　　"勤学"，即是指从熟人、网络、杂志等多种途径学习一些新的消费技巧及理财知识，从而提高自身的理财能力。例如反季节购物的消费技巧就对购买季节性的商品十分适用，如空调、冬衣等，可以使消费者在反季节购买这些商品时获得较低的价格。

　　"勤看"，即是指多看多打听一些打折、促销的信息以及各种商品行情走势，使自己在购买商品时有一个正确的方向和较低廉的价格。

　　"勤跑"，顾名思义就是指购物要货比三家，特别是在购买大件商品时，此法尤为有效。

超市购物省钱全攻略

现如今，超市已经成为大众极为方便的消费场所，不但商品多种多样，而且也能为消费者提供质优价廉的商品和热情的服务，使其成为人们购物的首选去处。那么，如何在琳琅满目的商品中选择中意的商品，可就要精打细算一番了。

蓝领每周至少要去超市大采购一次。如何能花最少的钱买到称心如意的商品？有的人就很有购物省钱诀窍。

理财案例

姓名：程燕

年龄：28 岁

职业：会计

月薪：5000 元

5 月 1 日，晴，无风。

我在结婚前花钱大手大脚，曾有过为买一支笔进超市却最终拎回两大袋零食的经历。结婚后，一切都要精打细算，这就使我逐渐养成了良好的购物习惯。下面就是我的购物省钱小秘诀。

一是平时收集信息。我家附近有沃尔玛、家乐福等多家超市。

平日里，我会收集各家超市一周的使用宣传单进行比较，掌握特卖信息后，再有选择性地购买。使用宣传单上附带的打折券，这是我的法宝之一。但一定要注意食品的保质期，如果贪便宜买得过多又吃不完，反而不划算。

二是购物前列出清单。每周会去一次超市进行采购，每次购物前，我都会列一张购物清单，一方面可以防止冲动购买，另一方面集中采购特价商品，这样可以节省支出。

三是带上会员卡。购物时，我总要带上会员卡积分，购物累积到一定金额，不仅可以抽奖，还能返利。

四是关注过道里摆放的商品。超市在过道里摆放的，通常是低价商品，值得多留意。另外，货架目光平视区域里摆放的通常是同类商品中价格较高的，不妨弯下腰，在低层货架里寻找更便宜的替代品。

五是自带购物袋。为避免白色污染，现在超市不提供免费塑料袋，因此每次购物都随身多带几个购物袋，既环保又省钱。

专家建议

去超市购物方便实惠，超市是不少人日常购物的主要场所，可以说大部分人日常消费品的采购基本都是去超市。

不少人认为超市所有东西都是明码标价，因此在超市购物就已经比较省钱了，但是，如果像程燕这样掌握一些在超市购物的小窍门，还是能节省不少开支的。

消费指南

超市已经成为人们日常生活中一处必不可少的消费场所，超市提供的

丰富多彩的商品给人们的生活带来了极大的方便，同时也占据了人们生活开支的绝大部分。蓝领阶层如何能在超市消费时既少花钱，又多购物、购好物呢？这要从以下三大方面加以注意。

第一，掌握超市购物十大秘诀

秘诀之一：轻装上阵，轻松购物。

除了购物袋，去超市最好只带一个随身的小包，这样做可以尽量避免存包。存包之后，钱包和手机在手里拿着很不方便，既影响挑选商品，也易遗失。存包取包很耽误时间，万一忘了，出了超市还得再折返一回。

秘诀之二：周末购物有惊喜。

如果可能的话，尽量将购物的时间安排在周末。周末虽然人多一些，但商家因此也会推出一些酬宾活动。有的商品有买就有送，或买大送小，有的商品有价格的优惠。

秘诀之三：打折商品优惠多。

现在超市商品打折，有的是快到保质期了，但很多一部分则是单纯的促销。饼干、糖果一类的零食，若没有特殊的偏好，在看清楚了保质期后，既然是特惠酬宾，不妨趁这机会买上两袋。

秘诀之四：购物抽奖要有平常心。

有的超市经常举办一些满多少元就可以抽奖的促销活动。商家刺激的是购物热情，买家在诱惑之下应保持一颗平常心。买该买的东西，抽个奖、拿个小赠品，当然皆大欢喜，但千万不要为了抽奖而盲目凑消费金额，最后奖没有抽到，不需要的商品倒购买了一堆，就得不偿失了。

秘诀之五：保留购物凭证。

购物时难免会出现质量纠纷，此时如果有购物凭证，一般情况下通过消协及有关部门调解、裁决都能获得圆满解决。然而，在投诉过程中，也有相当一部分的处理结果令人遗憾，消费者缺乏证据意识就是一个不容忽视的原因之一。

消费者购物时有索要发票、保修卡、合格证和说明书的权利，但约半数消费者不懂或忽视这一法定权利。而越是出售有问题商品的地方，越是不愿意给发票和保修卡，迫不得已，就在发票、保修卡上做手脚，令消费者吃尽苦头。有时消费者购物时索要发票，一些售货员常会以各种理由推脱，然而真要是出了问题，没发票大多是口说无凭的。

据业内人士分析，对一些经营家电产品的商店检查时发现，有的产品有使用说明书和产品合格证，但保修卡却被经营者抽走了。究其原因有三：一是为非法牟取利益不择手段，将抽出的保修卡自行出售，或通过关系向厂家结算维修费，赚取昧心钱；二是有的家电产品存在质量问题，产品销出后使用不到几天消费者就找上门来，有的经营者嫌"麻烦"，怕增加负担，就抽走保修卡，企图不承担"三包"责任；三是有的消费者往往不注意检查是否有保修卡，给了这些经营者可乘之机。因此，消费者在购物时，一定要索要发票，特别是在购买大件家电产品时，切记索要"四证"，并认真检查，同时注意保管好这些凭证。如果以上四证不全，就不要购买。

秘诀之六：细看促销海报。

现在人们了解超市的促销信息最直接的莫过于促销海报了，有些会员制的超市还会定期将海报寄到家中。作为消费者的蓝领只要按照以下原则认真研究海报，就一定可以找到超值的商品。海报上印的促销商品大部分会有价格折扣，有的还很诱人，那么应该如何分辨呢？

一般知名品牌厂商对产品的市场价格监管很严，即使促销的时候也往往是统一行动，而且折扣都不是很大，往往在10%以内，例如宝洁，它的市场策略就要求如果有20%的促销费用，其中的12%都要投入到品牌建设和媒体广告中去，而留给卖场终端的折扣范围一般不会超过8%，这其中还包括陈列和人员等其他费用。但有时因为特殊原因，比如竞争对手的新产品上市和大力度促销或者年底为了完成任务等，厂商往往会打破这个

界限，这就是消费者很好的机会了。

但要注意的是，一些不知名品牌商品往往定一个虚高的价格，然后再打折销售，这种看似便宜的促销其实只是一个障眼法，这种商品大多数的质量往往很差，购买时要慎重。

秘诀之七：关注堆放陈列。

人们逛超市的过程中会发现许多商品以大量堆箱的形式摆在主客流通道内，那么什么样的商品才可以摆在这里呢？一般厂商做海报促销的时候，为了让自己的产品能更加吸引人的注意，都会额外再花一部分费用来购买超市主通道的好位置来陈列自己的促销商品，以期产生更大的销量。对于这一种情况，就要参考前面说的来评估它的价格是否合适，否则，即使堆箱做得再漂亮，位置再好，也无法让消费者掏出钱包。

还有一种情况，就是厂商在价格让利上面做得非常大，达到20%以上（知名产品）。这种情况下，由于价格吸引力巨大，超市往往主动将某个好位置留给该商品，甚至免费让其商品刊登海报。这时消费者的好机会就来了，因为对于超市来说，由于能够额外吸引消费者的注意，各个通道的堆箱位置也是一种资源，陈列最畅销的商品获得销量、拉拢人气，超市的其他商品也会顺便售出。因此这么至关重要的位置超市一定会慎重对待，不会随意处置。

所以，蓝领每次逛超市的时候，要特别注意那些堆箱商品的价格，往往是找到实惠的机会。

秘诀之八：对比价格标签。

每家大型超市里的商品都至少有几万种，但并不是每家都会刊登上海报、摆放堆箱的，大多数只在原有货架陈列位置上进行价格让利促销。但这并不等于其商品不实惠，因为上海报、做堆箱都是需要很高费用的，这些都会计入销售成本，无形中降低了价格让利的幅度，如果当期销售额没有达到预定要求，甚至可能是赔本的促销。因此一些小厂家往往将火力集中于一点，只将资源用到价格上。这就需要消费者火眼金睛、仔细对比了。一般这类商品多数集中于调料副食和家居百货类。不过，现在超市对于这类促销商品大多会用另外一个颜色的价签来标示，给消费者的寻找带来了很多方便。

秘诀之九：细挑生鲜食品。

大型超市的生鲜部门一般都是微利甚至亏损的，这主要是因为生鲜商品保质期短，同时运输和储藏过程中损耗也较大，但因为生鲜类商品可以带来一定的人气和客流，所以对于各家超市来说它还是不可或缺的。作为消费者来讲，主要关注生鲜类的促销商品即可，由于这类商品超市往往集中采购，价格都比较实惠，有的为了招揽人气甚至还负毛利销售（关注海报），如果赶在超市刚刚上货的时候到场往往可以挑到物美价廉的蔬菜水果。

超市品种很齐全，商品更是堆积如山，牛奶、酸奶、袋装熟肉、饮料、饼干等食品整整齐齐地罗列在货架上，好不壮观。一眼看过去，消费者最先看到的往往都是被"安排"在货架最外面的商品。但是需要了解的是，为了商品不积压陈货采取推陈储新的销售方法，超市工作人员上货的时候都会把新进的商品摆在货架的最底层或者最里边，越是容易拿到的商品就保质期越短，不信的话，可以比一比生产日期就会有所定论。

有些顾客会觉得，被压在最底下的商品很可能被压碎或者破损了，因此往往会选最"轻松"的那一件。试问，新鲜的食物与完整无缺的食物，该怎么选？马上就变质的食物和碎成一块块的食物，又如何抉择？这就是所谓的"好货沉底"。超市把"好货"放在了最不容易拿到的地方，如此一来，嫌麻烦或者匆匆忙忙拿了就往购物车里扔的顾客就为超市做了"好事"了。

在摆放商品方面，超市是经过深思熟虑的，这是一种营销策略，不同的摆放可以直接影响到商品的销售快慢或是否积压。人们都习惯用右手，超市经营者就利用这点，将利润大的商品摆在右边，而保质期短的食物也会摆在这个位置。

生产日期靠前的牛奶、饮料等食品会被摆在与顾客视线平行的位置。相关专家做过分析，放在与顾客眼睛视线平行位置的商品，可以增加70%的销量。其次是齐腰位置、膝盖平行位置。这三个位置依次销量递减。

秘诀之十：选择顺路或者乘坐免费班车。

去超市购物尽量选择顺路或者乘坐免费班车，这样既方便又能节省去超市的交通费开支。在下班回家的路上顺便购物，能够节省时间，很多小区都有免费的购物班车，坐免费班车购物不仅能够直接从小区到超市往返，而且不用花钱，同时还不用赶时间，可以放心采购后乘购物班车回家。

第二，警惕超市购物八大隐忧

隐忧之一：包装玩"花招"。

俗话说"佛靠金装，人靠衣装"。如今，各种商品的包装越来越华丽、精美。诚然，随着人们生活消费水平的提高和出于产品保质的需要，包装精美些、讲究些也是理所当然的，本无可厚非，问题是一些商家却借机在商品包装上玩"花招"，不仅商品质量存在严重问题，而且在商品的内在数量上多有欺诈之嫌。

更有些商家在销售时，还把本已列入商品成本的包装又算到了净重内，双重计费，利用包装又玩起了价格上的"花招"。

隐忧之二：卫生有"死角"。

因为超市的客流量大，人多手杂，所以自然也就成了污染大户。但人们似乎并没有对此引起足够的重视，忽视了超市潜在的诸多卫生"死角"。超市里面的购物篮、购物车如果不经常消毒，很容易造成细菌传播，尤其是在病菌活跃期或疾病流行季节，某些疾病的感染发生概率会因此增加。超市商品大多是敞开销售，面对这些挺诱人的食品，你摸他抓，任由人们"摆布"，难说不被污染。

隐忧之三：食品质量堪忧。

主要问题是商品过了保质期、质量变质仍在销售，致使有的消费者因购买、食用这些变质食品出现腹泻、腹痛、头晕、呕吐，前来要求索赔。针对一些超市虚假打折，利用包装误导消费者，出售变质伪劣食品坑害消费者，违背公平交易、诚实守信原则进行欺诈的行为，消费者可以依据《中华人民共和国消费者权益保护法》《中华人民共和国产品质量法》等法规、法律向消协和工商等行政执法部门进行投诉，以维护自己的合法权益。

隐忧之四：商品标签区分不清。

在超市中，本来应该每件商品上都标明价格，或者有明显的与之相对应的标签。可一些商家不知出于什么考虑，常常把同类商品的很多标签密密麻麻地贴在一个货架上。消费者想找出对应的标签很麻烦，许多消费者干脆选好商品到收款台再说。

隐忧之五：到期商品赶场优惠。

有些超市常常进行所谓的让利销售，促销价也的确低于其他超市，但其商品质量却可能有潜在问题。对于这类食品，消费者买点当时吃还可以，再便宜也不能一下买太多。

隐忧之六：买一赠一，玄机不一。

消费者购物时会直接忽略掉自己不想买的商品的价格，商家根据这种消费习惯，提高价格后再附赠品。比如一瓶洗发水本来应该20元，现在买一瓶洗发水赠送一块价格2元钱的肥皂，但超市实际已悄悄地将洗发水的价格提高到22元。买洗发水的同时白得一块肥皂，肯定就会觉得很划算。

一定要在被捆绑促销商品面前保持清醒的头脑，注意力应放在想购买的东西上，而不是和它捆绑销售或附赠的物品上。有些买一赠一的商品，是因为保质期将至的原因，所以购物时一定要考虑清楚在保质期内买到所需要的商品。

隐忧之七：超市特价商品。

在超市中是否注意到特价商品常用颜色鲜艳（红色或者黄色）标签来提示特价商品。例如，一袋零售价3.3元的饼干，三连包销售时标明特价10元。不经常购物、不熟悉商品价格的消费者往往见特价就放入购物篮。

超市在促销的时候，都会推出一些特价商品，但是，没有谁知道，特价可能是低价，也可能是提高后的价，只是被太多人默认为便宜货了。商家对人们这种认识上的误区算计了一番，将一些正常价格的东西甚至是高价的东西，标成特价出售。因此，特价并不等于低价。

隐忧之八：不在意货比三家会吃亏。

经常购物的蓝领最好要做到"货比三家"，因为每家超市都有一类或两类东西便宜，另几类东西贵的现象出现。时间如果充裕，最好多逛几家超市，并记下一些常用商品的价格，做一下比较，买到质量好又实惠的商品。同样，不同厂家的同种商品价格高的也不一定比价格低的质量好。

第三，超市购物注意六项安全

安全事项之一：小偷常常会盯两种人。

小偷常常会盯上两种人：一是外套上有斜兜的人。如大衣、风衣的外口袋，一般都是斜的。有些被抓的小偷说出了心得：斜兜比横兜好偷。请大家别把钱包和手机放在外衣斜兜里。二是双手推购物车东张西望者、拎着沉重的购物篮者，往往疏于防范。所以，在购物过程中，应注意有没有人故意接近，如有人碰你的腰或裤子口袋，应该引起注意，摸摸钱包、手机还在不在。

安全事项之二：两个地方要非常小心。

在入口取购物篮处和楼层收银台处，这两个地方最好不要手拿钱包、手机。取购物篮或推购物车，是超市购物第一步，小偷往往在一旁做等人状，观察寻找目标。如有人把钱包、手机放在购物篮里或购物车上，容易下手的，小偷便跟随入内。有的超市生意好，收银台前常排长队。小偷就会在一旁观察，谁的钱包放在哪里，便可一目了然。逮准机会就会下手。有些消费者是在离开收银台，走向超市楼梯口、门口的那段路上被掏走了钱包的。

安全事项之三：人气越旺越要防小偷。

化妆品柜台前是女性最多的地方。而女性心细，买前多会仔细看看包装、使用说明等，难免疏于防备。所以女性顾客最好把钱包、手机放在贴身衣袋中，或放在包里而将包放在身前。看化妆品时，察觉有人故意靠近时，要看牢自己的东西。

一般而言，降价、促销的摊位一般人气最旺。人人伸手挑东西，小偷最容易浑水摸鱼，尤其是蔬菜柜台前的人也不少。因此，除贵重财物放内衣口袋外，挑选时别大意把手机随手放入商品堆里。

安全事项之四：保安对顾客搜身。

有的人素质确实很差，会想方设法钻超市防范的空子，而有些保安就采取了搜身的野蛮方式。这样的事情在超市时有发生。应该说明的是，超市对顾客搜身是绝对犯法的，这一点毋庸置疑。

除此之外，采用何种方式对消费者表示怀疑并使消费者感觉到的，都构成了对消费者的伤害，也是绝对不允许的。即使有确凿的证据证明其确实偷了东西，也不能当众对其进行人身伤害或者惩罚，应该送往当地派出所处理。

安全事项之五：保安盯梢伤害顾客感情。

目前，许多超市的保安都实行岗位责任制，谁当班时丢了东西谁负责赔偿。牵扯到了个人利益和收入问题，于是有的超市保安就采取了盯梢的办法。其实，明目张胆地跟踪盯梢是绝对不允许的。而且有些超市中还有很多装成顾客的保安在顾客的周围默默地监视着，这也是不可取的。

商家应该明白，不守规矩的消费者毕竟是少数，商家在对少数顾客采取种种威慑手段时，却伤害了大多数消费者的感情及合法权益，这是因小失大的做法。作为经营者应该采取更有效的防范措施，比如安装监控系统等，而不能采用跟踪、盯梢等不信任消费者的方式。当然，改善购物的软环境还需要消费者自身素质的不断提高。

安全事项之六：防止寄存物品丢失。

寄存包、取包时要本人亲自操作，打印的密码纸一定要本人取出并保管好。购物时，一定要保管好随身携带的寄存箱钥匙，以免让小偷有可乘之机。

长假期间购物省钱技巧

　　虽然各个商场的折扣有多有少，但是人们还是要看具体的商品，因为每个商品的品牌不同，即使是同一品牌，商品也不一定是同时生产的。所以，在长假期间购物尤其需要理性。

　　在长假期间，很多人在释放压抑很久的消费冲动。是把多半年的积蓄倾囊而出以满足消费快感，还是巧盘算、细琢磨，让限量的花费换取更有价值的商品，既满足了购物的快感和生活所需，又不至于让自己的积蓄被消耗一空，确实需要消费理性。

理财案例

　　姓名：李莉

　　年龄：25 岁

　　职业：业务员

　　月薪：5000 元左右

　　5 月 1 日，晴。

　　不久前，我在某商场赶上积分返券折上折活动，除了各类商品自己的折扣活动外，商场一次消费 2000 元送 400 元购物券。

　　我看中了一款安娜苏仿小羊皮手袋，原价 2000 多元，打 7 折后

1700 元。为了凑够 2000 元的活动价，我选购了两条安娜苏价值 160 元的方巾，作为送给朋友的生日礼物。

随后，我在鞋类专区相中原价 899 元的高跟皮凉鞋，品牌原有的折扣活动为"买两双打 5 折"。在和店员聊天时，发现有位店员也想购买这双皮凉鞋，于是我们两人拼单，以一双 449.50 元的价格用掉了手里的返券。

也就是说，我相当于花了 49.50 元买了双高跟凉鞋，2020 元买了安娜苏手袋和两条方巾。这次消费，买到了我喜欢的东西，又省了很多钱。

专家建议

假若只买一件商品的，就选择"减"，买两件以上的选择"送"的才很划算。相比"减"的活动，顾客均需要购买两件或以上的商品时才能享受到"送"的优惠，在顾客仅仅只需要购买一件商品的情况下是享受不到优惠的。

事实上，李莉作为折扣"达人"还只是中等程度，真正的"折扣达人"不仅会避开陷阱，还会买到一些平时不会打折的精品。现在来设置一个比较难的模式：商场返券分 A、B 两类。A 类一般是利润高、经常能打折的东西，如服装鞋帽；B 类则是极少打折的，如金银首饰。在这个案例里，A 类是买 100 返 60 元，而 B 类是买 100 返 10 元。

如果只买 A 类商品，就不必挤在大打折之际，因为平时它们就货源充足折扣较多。但如果是买一支价值 2500 元的万宝龙笔，那么，出手的时候就到了。

在这个条件下有两个方案：一是可以先在 A 类商品中买满 4000 元的东西，获得 2400 元的抵用券，用抵用券加上 100 元得到一支万宝龙笔。那么，相当于 6 折多买了一支万宝龙和一大堆 A 类服装鞋帽。二是如果只

想花最少的钱买一支 2500 元的万宝龙笔，可以先从手里有多余券的人那里以 8.5 折的价格买进，收满 2400 元之后再去买笔。

消费指南

许多人打算在长假期间过把购物瘾，当然不会错过商家打折的有利时机。如何才能把握好便宜商品，把钱花在正处呢？一些购物高手教给大家一些技巧，不妨试一下。

技巧之一：长假期间商场打折期购物技巧。

比如购买衣服，如果发现了很多自己想买下来的打折商品，最好再到其他的地方转一圈，冷静几分钟后再决定是否购买；决定购买一件衣服的时候，要综合考虑自己衣柜中已有的服饰，避免风格重复或搭配不上。逛街的时候把信用卡、存折等放在家里，只带少量的现金。

打折期间，一些经常穿并属于高消耗率的衣饰，可以多采购一些。此外，不能看到打折商品就蜂拥而上，因为打折商品或许暗藏陷阱，所以购买之前要细细观察。

技巧之二：网上购物实惠多。

时下商场里的货品专柜，常常可以见到一些熟悉的面孔，她们乐此不疲地试穿和试用专柜的商品，可就是试而不买。这些人其实是网购一族。不同于一般人的是，网购一族先在商场里试穿，再到网上去购物。

一般来讲，同一品牌商品，在网上购买的价格，比专柜标价要低两成到六成，在专柜试穿、试用后，再到网上购买，这样做的好处是，一来可以省去在各家网店"海选"的麻烦，避免碰到网上图片和实物不符的情况而买到"鸡肋"，二来也可以体验实体店购物的乐趣，更重要的是还能省下不少钱。

这种方式省钱又实在，但要避免买到"鸡肋"，购物前还要做足准备，比如记下商品的编码、在网上对商品进行充分的对比，确保商品是正货等环节必不可少。

在实体店选购时，如果看到合心的衣物，比如相中了一双鞋子，一定要记住鞋子的编码、型号等，这样便于在网上购物商城直接输入关键字显示出所要的牌子和款式，否则就要逐家网店去搜索，花费时间和精力。而在网上下单前，最好先对比一下网上和专柜的价格，确定网上的价格比实体店便宜再下单，如果网上价格和实体店差不多，则没有必要专门从网上购买。

此外，为了确保购买到的商品是"正品货"，购买前，最好与店主多沟通，关注卖家的信誉、销售记录，认真阅读交易规则和附带条款，注意是否能退货、商品的尺寸、质地，等等。一般选择熟人、朋友购买过商品，或推荐的店铺比较有保障。

各大品牌化妆品的半份装和小样在网络上热销，甚至有专门小样交易的网站。所谓的小样是指与正品相比，数量较少，供消费者体验试用的包装，包括赠品等。至于这些小样的质量，每个店主都声称自己的商品绝对保真、绝对是正品小样，更有店主神秘地表示自己的进货渠道特殊，都保证是专柜正品小样并接受任何形式的验货。还有的店主则表示有朋友在国外可以代购或者自己经常去香港购买化妆品，得到的赠品就会放在网上卖，这种情况就不会提供发票，只提供购物小票。

小样的存在意义是帮助消费者找到适合自己的商品，对于还没有找到适合自己品牌的消费者来说，一定要睁大双眼辨别真伪。在使用小样时要注意观察使有的效果，要有耐心等待。而已经有固定品牌的时尚达人，则通过购买小样达到经济实惠的目的。

技巧之三：网络团购更省钱。

所谓网络团购，就是互不认识的消费者，借助互联网的"网聚人的力量"来聚集资金，加大与商家的谈判能力，以求得最优的价格。根据团购的人数和订购产品的数量，消费者一般能得到相当大的优惠幅度。特别是在家具、建材产品、家电等大件商品方面，团购参与的人数越多，商家给予的

优惠就越多，购物者就可以节省出一大笔开销。

通过网络团购，既可以买到称心如意的商品，节省一大笔开销，又能紧跟时尚趋势潮流，因此，网络团购不失为都市蓝领的省钱妙招。

技巧之四：砍价省钱也有大学问。

长假期间购物，砍价是必不可少的一项内容。对特价商品，经销商往往会说"这都已经是特价了，真的不能再便宜了"，其实事实并非完全如此。遇上特价商品，不妨试着再讨点优惠，还点价。

超市也可以砍价。在很多超市，不少销售员都是厂家派驻的，他们手里还有一份产品的销售底价单，也就是说，只要商品不低于这个价格，都能卖，就看消费者会不会还价。不仅如此，普通销售员和上级主管间能给以消费者优惠的权限也是不同的，比如，某商品在普通销售员这里只能打9折，但是如果接待消费者的是上级主管，他就有权利决定这个商品是否可以打8.5折。所以，消费者要做的是，先和普通销售员讨价还价，并尽量把价格砍到最低，然后再找主管该类商品的上级领导，要求更多优惠。

当消费者狠狠地砍了价后正准备扬长而去，商家最后咬咬牙，在消费者出门的那一刻，把消费者拉回来，说"我卖了"。这时候，要赶紧看看商家店里还有什么别的需要的，比如小饰品之类的东西，想办法让商家一并赠送，这样价格不就低下来了吗！实在不送，再找别的经销商也不迟。

有的消费者认为，量大就一定实惠，其实不然，有的时候会量大而不实惠。因为不同的经销商在代理同一款商品时，获利点的选择是不同的。

当然，这就需要消费者既耐心又仔细地多比较，如果在选购中真的发现这种情况，不妨将主材和配件分开买，至于"量少不送货"的问题，可以问一下商家送货的工人，近期是否要到自家小区或者附近小区送货，不然也可以找找小区里有没有在同一商家订货的邻居，可以让其帮忙代购。

"一店不二价"的看法在很多消费者心中也是定律。但曾有业内人士透露，别说不同的店，即使真是同一家店同样的商品也有可能出现价格不相同的情况。在购物过程中，即使是同一品牌的市场，也不妨多转转，进行价格比较后，再决定购买。

技巧之五：购物时要关注商品售后服务。

很多人购物时不注意询问卖家商品的售后服务问题，比如出现了质量问题如何办，想退货该怎么办。其实这些问题的发生都可能让所得到实惠荡然无存。所以一定要问明售后服务，别"省钱"而来，"亏本"而回。

商场退货与退票的情况又不相同，如果是购买机票，需要退票，刷卡交易产生的一定比例的手续费需要由消费者来承担，而商场退货则不同。如果消费者遇到商家或银行向消费者收取手续费的问题，可向有关部门反映。

技巧之六：节日消费莫贪小便宜。

无论是选择家装公司还是购买装饰材料，在节日期间一定要保持头脑的清醒和理智，不要贪小便宜，要做到理性消费。因为，每当在"五一"或"十一"等消费旺季到来的时候，商家为了急于抓住短期的消费客户，总会推出一些有针对性的促销优惠活动。在这些应时机而推出的优惠活动中，大多数活动不错，但其中也不乏个别商家以假打虚折欺骗消费者，一不留神就会中了商家的圈套。

比如，对于要在节日后装修的消费者来说，在与装饰公司沟通的过程中，要能够清晰地表明自己的消费需求和装修意向，更快找到符合自己的设计师并完善设计方案。流行的套餐模式比较适合装修后出租用，而不太适合自己用。家装优惠中，简单明了实实在在为好，转弯抹角、绕来绕去忽悠消费者的商家，消费者要注意。千万不要一味贪图便宜，便宜的背后也许是更大的"陷阱"。

合理使用信用卡消费

刷卡消费比较时尚，也比较方便，但是信用卡透支后不按期还款，就会带来不良后果，不仅要偿还利息，而且会影响个人信用，甚至被列入黑名单，承担法律后果。而用信用卡取现容易让人陷入"拆东墙补西墙"、"以债养债"的恶性循环中。因此，蓝领使用信用卡，一定要保护自己的信用，在消费时合理使用信用卡。

现在，国内各银行发行各种功能的信用卡，有些刚入职场没多久的社会新人，其透支还款能力并不强，过度使用信用卡存在很大的风险。因此，对于这一类的人群，最好的办法就是控制信用卡的总授信额度，让自己有一个养成良好用卡习惯的过程。建议信用卡透支总额度控制在约三个月的收入。当然，对于理性消费者来说，信用额度则可以略有提高，但也不宜过高。

理财案例

姓名：何荣

年龄：30 岁

职业：销售员

月薪：5000 元左右

5月1日，晴。

我认识信用卡这玩意儿是在2004年，那时看见一位同事出差、吃饭总从包里掏出张卡递给服务员，觉得很酷。问同事，说是中行的信用卡，额度是3万元。那时毕业不久，听见这个数字，很像天文，很崇拜。

2005年，自己逐渐成长，对信用卡的期盼与日递增。于是，我去了一家交通银行，五次三番地递交申请，却又三番五次地被核发部门婉拒。我很是沮丧。后来想想，可能因为我是外地人的缘故。

我申请到的第一张卡是在2006年3月。那是在我跳槽到了一家还算知名的企业以后，我在公司附近的招商银行用身份证和工卡又一次怀揣小兔一样地提交了申请。在漫长的等待中，银行来了两次电话回访，访了我一身冷汗。大概年轻人心理素质差，凭我那时对信用卡的渴望是真怕发不下来。似乎那时就觉得有信用卡的人才叫白领，否则就不是人家那个圈子里的。幼稚吧？不过现在知道了，白领也是工薪族的另一种通俗叫法。

振奋我心的时刻到了，印着招商银行的小信封从前台小姐的手中递了过来。一卡在手，让我顿时心潮澎湃了。在表面上做出足够镇静的表情时，对围过来看的新来的女孩儿说："招行的，用处挺大的。"看着那个女孩儿羡慕的眼神，我知道，这可怜的孩子和我一样，什么都没见过！

从那以后，到现在大概有3年了，我感谢信用卡给我生活带来了方便，凡是能刷卡的地方我一定要刷卡。

我的日常消费多以刷卡付账为主。有一次计划用4000元去买一台电视，同样也准备刷卡消费。但我的一个好朋友知道我手中的包里就有4000元现金，所以他就建议我用现金。我因为用

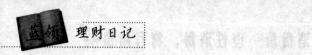

信用卡的时间比他长，所以对信用卡划卡消费还是了解的。

我就给他解释说：信用卡的基本功能就是透支。而在免息期内（一般最长为50天）还款，银行是不收取利息的。我已经算好了今天买电视的消费日期和还款日期，这使我可以最长期限地占用信用资金。即使是在免息期最后一天还款的话，那么我的4000元现金还是能够多出50天的活期存款利息的。

听我这么一解释，朋友也明白了许多。当即表示以后多多学习，也要像我这样使用信用卡消费。

我还告诉朋友说，由于日常消费我都以刷卡付账，这样每月账单会逐笔列出消费日期、商店及金额。每到月底，我都会查看一下自己的账单，看自己每月开支了哪些必需品，哪些消费是不必要的。这个用信用卡帮我记账的方法，能帮助我培养理财观念，也使我在消费过程中更加理性。

朋友频频点头称赞。我也小小地得意了一把！

但我马上又冷静下来，心想：究竟怎样更好地利用我的银行授信和维护好我的个人征信记录，将是我在即将到来的信用社会的一个小课题。这可是不能忽视的！

专家建议

对于蓝领来说，手持信用卡不仅带来方便，而且在急需用钱时可以透支，解一时燃眉之急。那么，如何办理信用卡，又如何才能提高信用卡透支消费和透支取现的额度呢？

一是办卡时要充分准备各种资产证明。申请之初，申请人就要认真准备各种信用证件，不要嫌麻烦，要把收入证明、房屋产权证明、按揭购房证明、汽车产权证明、银行存款证明或有价证券凭证等统统提交给银行。

二是要认真填写表格细节。诸如是否有固定电话号码，是否结婚及手机号码，是否有月供，以及户口所在地、工作单位，等等。银行会据此决定是否增加申请人的信用评估。

三是用卡期间，多刷卡消费，这表明持卡人对银行的忠诚度，银行的信息系统会统计持卡人的刷卡频率和额度，在三个月到半年后就会自动调高持卡人的信用额度。

四是按时还款，保持良好信用。欠债还钱，有还才有借。银行是严格遵循这个古老真理的。如果不按时还款肯定无法积累信用。

五是主动申请提高信用额度。正常使用信用卡半年后，就可以主动提出书面申请或通过服务电话来调整授信额度，银行需要审批。在正常情况下，会在审查消费记录和信用记录后，在一定幅度内提高你的信用额度。

最后要说的是，要适当使用取现额度。需要注意的问题是，采取透支取现并不能只考虑透支利息问题，还要考虑透支交易手续费的问题。那些取现手续费较高，用信用卡高额透支并不适合当应急准备金的替代品。

消费指南

虽说信用卡几乎已经成了现代人的必需品，但要用精、用好它来进行消费和理财却并不容易。下面这些妙招，可以让蓝领领悟信用卡的神奇妙用。

第一，用信用卡账单算账

作为蓝领，最苦恼的一个问题就是花钱的时候不计数，等到月末了查看钱包，才发现自已已经囊中羞涩，所剩无几了。这时才后悔花钱严重超支，没有好好为自己的花销记账，不用担心，信用卡就可以帮忙解决。

每月银行都会给持卡人寄来一份"信用卡对账单"，上面详细列出了每笔收入和消费支出。如果这个月购买服装超支了，那么下个月就省着用一点；这个月省下几百块，那么下个月就可以适当多购买所需物品。

第二，用信用卡巧赚获优惠折扣

现在无论去商场购物，还是美容健身，所到之处一般都能刷卡，而且商家往往对用信用卡者给予一定的优惠折扣，这不仅使消费者摆脱了随身带大量现金的风险，还可以大大节约开支，何乐而不为呢？

第三，信用卡也能巧妙赚钱

一般信用卡都有多达一个月的免息期，这时候正可以利用这点间歇期为自己挣点"外快"，方法是领到工资后并不着急还款或存银行，而是去购买货币市场基金，然后在免息期内统统用信用卡消费。等到了信用卡免息期结束的前两天，才把货币市场基金赎回去还款。

其实，信用卡的妙用之处何止这些，就等着蓝领去学习和发掘了。一旦哪天从"卡奴"修炼成了"卡神"，或许自己的生活就可以高枕无忧了。

第四，做到合理用银行卡

一是选对银行卡很重要。银行卡有多种功能，如信用卡可以透支；借记卡不可以透支，卡里必须存有一定金额才能使用。选对银行卡，首先要考虑便利。比如银行网点就在家或公司附近，或者信用卡与工资卡或其他有定期资金流入的借记卡同属一家银行。这样，持卡人还款就会相对方便一些，不必每月在各家银行间往返费时费力。

其次是增值服务要多一些，最好能够免费。比如短信提醒功能对用卡安全有很好的保障作用，也能作为持卡人消费的二次提醒。只要账户稍有变动，持卡人就能第一时间掌握情况。有些银行的短信提示不设门槛，且全部免费，而有些则只针对300元、500元以上的金额变动予以提示，还有的则需要持卡人支付一定的服务费。

另外，如果信用卡中心提供失卡保障，就能让持卡人更加放心。一般有此功能的银行会对持卡人挂失前48小时内、经公安部门确认为盗刷行为的金额予以承担，不会令持卡人"雪上加霜"。

二是不盲目追求信用额度。理智的消费者不能忽略，透支消费总有归还的一天，高信用额度必须要有高收入的保障。对自制力较差的持卡人来说，高信用额度很容易造成还款危机，反倒成了"毒药"。有多项心理学研究表明，人们在使用信用卡消费时，要比使用现金来得大方许多，对自制力差的人来说也就需要格外警惕。

为了防止被自己的账单金额"吓傻"，不妨先从信用额度上对自己来个制约。虽然信用卡有一定的信用额度，比如有的3万元，有的5万元，但是建议持卡人将自己的信用额度控制在月收入的3倍左右，这样，既拥有提前消费的能力，又保证用尽额度后有充足的还款能力。万一遇到资金临时周转问题，还可以使用分期还款分散压力。否则，即便是10%左右的最低还款额也可能无力偿还。如果在某个特定时间需要高额透支消费，可以拨打银行客户电话提高临时信用额度，这样既能顺利刷卡，也不会因为超出原本信用额度而产生超限了。

三是避免无休止办卡、开卡。现在，不少银行采用首年免年费，刷满五六次后免次年年费的规定，这对于拥有很多卡片的持卡人来说是个考验，可不要因为记不清楚刷卡次数而被扣收年费。

如果只是对卡面感兴趣，喜欢搜集卡片不做他用，那么在领到卡片后建议不要激活卡片。根据《中国银监会关于进一步规范信用卡业务的通知》中第五条规定，持卡人激活信用卡前，银行业金融机构不得扣收任何费用，持卡人以书面、客户服务中心电话录音或电子签名方式授权银行业金融机构扣收费用的除外。这其中自然包括年费。而一旦激活成功，持卡人只有按照银行制定的规则来办了。

四是减少不必要的用卡成本。降低用卡成本的范围很广泛，比如尽量满足银行提出的条件从而避免年费的产生，及时还款不产生循环利息，在开通服务前问清是否收费、标准如何，避免失卡重办、密码重置产生手续费，

等等。这里需要特别提醒持卡人容易混淆的两点。

一是持卡人应尽量做到全额还款，而非最低还款额还款。后者虽然可以保证持卡人的信用不受影响，但是会有利息产生，增加持卡人的消费成本。

二是，分期还款并非免费午餐。银行"免息分期还款"背后，其实藏着一笔为数不小的手续费。工行、中行、招行等银行会在第一次分期账单中根据分缴期数一次性收取一定比例的手续费，而建行、交行、浦发、广发、光大等银行会按比例分期收取手续费。虽然不同银行的收费标准不一，但实际上收费并不低廉。

创业篇 创业理财，成败在人

创业需要什么素质、条件？需要准备什么？这是一个很大、很一般性的话题，是任何"局外人"都可以说上几句话的问题。空洞的理论是没有用的。如果蓝领想创业，那么本篇内容会用这些不同的事实告诉你：创业理财的成败，在于目标和规划，在于坚持。一句话，创业理财，成败在人！

创业前先做好自我分析

创业犹如打仗，存在很大的风险，只有创业前对自己的各方面情况进行分析和评估，"知己知彼"，才能"百战不殆"。

并不是每一个人都适合创业，也并非每一个创业者都能成功。要想创业成功，创业者首先需要了解自己是否具有创业意向，明确自己的创业目标，分析自己的职业心理特征，有时还需要参加创业技能培训。

理财案例

姓名：刘湘
年龄：31 岁
职业：小商贩
月薪：5000 元

6 月 10 日，雷雨。

我是一个从事蔬菜零售的小商贩，因为我做生意讲求诚信，生意较好，赚了几万块钱，也结交了许多朋友。我平时酷爱烹饪，烧得一手好菜，每次家里有各方好友来做客时，朋友们都对我的盛情及手艺赞不绝口。

一天，一位陕西朋友建议我开一家西北风味的餐厅，并说以后他的一帮陕西老乡一定天天前去捧场，生意保准兴旺。我听后不免有些心动，仔细想想自己现在生活的城市确实很少有西北风味的餐厅，而住所周边就有约两万多居民，这样既可满足自己做菜的爱好，又多了个与朋友们聚会的场所，并且可以赚钱创业，何乐而不为？

于是，我在自家对面的新建小区内，签下了面积为 1000 平方米二层楼面的租约，并请一个曾经从事舞台设计工作的朋友负责整个餐馆的设计。设计师把一楼设计成大厅，专卖西北风味面食；二楼设计成包间，做成朋友聚会的场所，耗资人民币 10 万元完成了整个设计与装修，再加上各种设备投入，合计总投入人民币 18 万元。一个时尚、很有艺术氛围的休闲餐厅诞生了！

由于我常去外地进货，餐厅的日常经营管理就交给了自己的母亲和弟弟。母亲管厨房，弟弟做经理，从西北请来的大厨，必须听从于母亲的监督与管理。

开业当日非常热闹，所有的朋友、朋友的朋友都来捧场，那位陕西朋友更是把他所有认识的老乡都找来了！人人都赞美我有眼光、有魄力、有能力，今后一定可以赚到大钱。这一切让我感到信心百倍，对餐厅的灿烂前景毫不质疑。

一周后，餐厅从开始的热闹归于平静，西北菜品种本来就不多，加上缺少系列高档菜，导致二楼的包厢基本空置，每天的营业额主要来自一楼的面食。加上居民区散客有限，又缺乏特色菜品吸引外面的客人，于是乎，房租、物业费、水电燃气费、人员工资等各种费用压得我着实喘不过气来。

但我不想就此轻易放弃。我抛开了自己原本经营很好的蔬菜零售行当，全身心地投入到餐厅的日常营运管理中，又苦苦支撑了 6 个月。最终，我还是醒悟了，明白自己是没有能力经营好这家餐馆的。接下来，我找买家、谈转让，价格从最先的 18 万

元降至 13.5 万元才勉强出手。

历经 9 个月，本金亏损了四五万元，我自己和母亲、弟弟的辛苦还不算，由于意见不一致，亲情关系也大不如从前了，真是切身体会到了身心疲惫。唉，真是"赔了夫人又折兵"！

专家建议

刘湘的故事告诉我们，创业不是爱好，必须做好前期的市场调研与分析，尽量不涉足陌生领域。餐饮行业最重要的是选址、菜品、客户定位应准确。

如何寻找理想的创业项目，目前市场可供选择的创业途径较多，常见形式如加盟连锁，购买生意，或是白手起家、开创崭新业务，三者相比各有利弊。

选择加盟连锁可以降低创业风险。正规的加盟连锁公司可以提供完善的员工培训和经营辅导以及系统的经营管理方式和物料供应。创业者能够节省大量时间与精力，借助现有品牌直接进入市场。根据相关资料统计，加盟连锁的创业成功率远高于自己开店，但是成本投入较高，也不易找到适合的加盟连锁公司。

购买现成生意可以节省成本，降低创业前期的风险。借助于前期现成生意的产品、市场及客户群体，接手现成生意的经营成功率远高于自己开店；但在行业、区域、投资规模等方面比较难以完全符合创业的原始期望。

创立全新的生意可以自己掌控投资规模与行业，选择理想的经营区域，完全根据创业者的计划和意愿进行操作。但是从零开始，风险极大。根据相关资料统计，自己创业的成功概率不高。

就刘湘的情况而言，他如果仍然干自己零售蔬菜的老本行，业绩会更好。

创业智慧

选定了创业目标以后，要对自我进行评估分析，包括自己的优势和劣势，兴趣与爱好，等等。

第一，分析自己的优势和劣势

分析一下自己开展一项创业比别人具有哪些优势和劣势，特别是要找出自己的欠缺之处，以便通过学习等方式加以弥补完善。

可以拿出纸笔，首先列出自己在知识技能、特长天分、性格特点等各方面所具备的优势；接下来列出做这项创业所需要的所有知识和技能；最后区分出这些要求中哪些是自己已经掌握和具备的，而哪些是需要下大力气学习和摸索的。比如，想要开一个室内设计装潢公司，通过自我分析发现，在技术方面，自己懂得室内设计方法，钻研过现代装修技术；在特长上，自己擅长绘图及手工操作，具有较高的审美观，富有想象力和创造性；在性格特点上，自己待人热情诚恳，做事踏实认真。不足之处是，对各种装修材料及工序缺乏实践经验，对财会知识更是一窍不通，语言表达能力不强，不善于和人打交道，这些都是需要学习和克服的地方。

这样，通过对自己全面客观的评估分析，可以知道自己的优势在哪儿，以增加自信心；最主要的是认清自己的不足，知道应该学习什么，注意什么。

第二，分析自己的兴趣和爱好

自己做老板，为的是把自己的生活变得更好，活得更带劲，所以应该尽量选择自己喜欢的事来做。

假如一个人学的是财会专业，但发自内心喜欢的却是园艺，那么如果要在会计事务所和园艺花店两者之间作出选择的话，最好选择后者。因为只有当把聪明才智用于自己喜欢的事情的时候，才能得到最大的幸福感和满足感。

做自己喜欢的事能使人有更高的成功概率，因为当人们从事所热爱的

事业时，就会不知疲倦地学习钻研，不辞辛苦地努力尝试。如果反感、厌倦自己现在所做的事情，会取得惊天动地的成功吗？也许能做到胜任绝大多数工作，但很难做得出类拔萃。只有做自己真心热爱的事，才能心甘情愿地去做一切，不惜代价勇攀高峰。

在创业期间，需要投入大量的时间和精力处理大大小小各种事情，如果从事的是自己热衷的事业，再累也不会觉得累，再难也有勇气克服。人们常常听说某些成功的企业家每天都工作十几个小时，甚至能不吃饭不睡觉地工作。谁认为他们是财迷心窍呢？其实，那是他们在做自己热爱的事，他们能够引以为乐，并从中得到满足。

第三，分析自己的性格特点

性格决定命运。选择创业项目还要考虑是否适合自己的性格特点。有的人生性活泼好动，有的人比较沉稳好静，有的人更加开朗健谈，有的人则相对保守内向。不同的心理性格适合经营不同的生意。

一个活泼好动、善于交际的人，如果开了一个软件公司，每天坐在电脑前独自编写程序，一定会被憋得受不了，开个旅游公司也许更合适。比如像房地产推销这种需要面对面和顾客接触、并要求有一定的个人魅力和口才的行业，就不太适合腼腆害羞、笨嘴拙舌的人来从事，这样的人倒可以在网络销售上碰碰运气。

第四，创业需要的五大要素

一是创业需要激情，需要拥有创立事业的强烈欲望和胆识，方能全力以赴去拼搏，从而实现自己的创业梦想。

二是创业需要项目。拥有好项目是成功的一半，因而选择行业与项目是创业的首要课题。创业不仅仅是创新，还必须营造可以产生利润的生意形态。据有关数据显示，在行业的偏好程度上，最受创业者青睐的是批发零售业，其次为工业加工、信息服务及农产品加工业。

三是创业需要资金。多数创业人士会面临资金短缺的困境。据有关调查结果显示，创业初期约 48％的创业者的资金需求在 10 万元以内；19％的创业者的资金需求在 10 万元到 30 万元之间。由此可以看出，初始创业人士多以小生意开始起步。

四是创业需要吃苦与拼搏。创业者所面对的是没有硝烟的战场，在充满激烈市场竞争的今天，创业者必须能够承受创业初期的煎熬，付出比常人更多的精力与代价。

五是创业需要良好心理素质。创业者要能接受失败与挫折，因为创业属于风险投资。创业者要有承受可能出现的经济、时间、面子等众多损失的能力。

认真做好创业致富规划

创业致富规划能够帮助一个人真正了解自己，并且进一步评估内外环境的优势和限制，从而设计出既合理又可行的创业致富发展方向。

创业致富规划是创业者必须认真做好的一件事情，它要求将个人理想与社会实际及自己的现实情况有机结合。只有使自身因素与社会条件及自身现实情况达到最大限度的契合，才能在现实中发挥优势、避开劣势，使创业致富规划更具有可操作性。

理财案例

姓名：翟成

年龄：25 岁

职业：私企员工

月薪：3500 元

6 月 20 日，小雨。

2009 年七八月份，又到新一届毕业生找工作的时候了，作为上一届毕业生，我希望我失败的教训能给别人以启示。

那时，我从年初就开始着手找工作的事宜，但是在参加了几场招聘会后，一直没有遇到合适的岗位，有时候也会萌发出自己创业的念头。当时正好赶上了市南区的一个活动，给大学生提供免费的摊位，我就想反正也没有好工作，就自己干试试吧。

我算挺幸运的，申请到了一个摊位。开始的时候干劲很足，铆足了劲想狠狠赚一笔。当时向家里要了一些钱，加上自己的部分积蓄，全都投到了店里，进了一大批衣服。

在商场内的免费摊位区域，所有摊位都在正常使用，没有空缺或者转手的现象，而且各小店铺的装修都比较精致，货品看起来也是新颖独特的。我们这些申请到摊位的大学生，都对商场免费政策表示感谢——帮助我们渡过"毕业即失业"的尴尬期。但是其中的经营状况却是"几家欢喜几家忧"，鲜有顾客进入挑选，而且掏钱买的更是寥寥无几。

现实太残酷了，不知道什么原因，我的生意很不好，有时候一天都卖不出一件衣服。我忙活了几个月，生意仍不见起色，真怀疑我自己当初怎么选择了自己创业，太难了，3个月内要是生意还不好就干脆不干了。结果，在努力了3个月以后，我实在是撑不住了，将小店赔本转手了出去，以失败告终了自己的首次商人生涯。

现在想起来，当时是太莽撞了，根本不懂怎么进货。当初进货的时候根本没有调查市场的需要，只是一味地进一些自己喜欢的衣服。可是，我喜欢的顾客不喜欢，有什么办法！

但这些人当中也不乏成功的例子，其中一位小伙子在短短的几个月内就将店铺扩张至两家，让自己的生意越做越大，走在了同批自主创业者的前列。我真羡慕他呀！

可能是人的资质不同，我大概做不了生意。于是，我又频繁地寻找就业机会。终于，我被一家私企聘用了，面试官看我有经商的经历，就让我做产品销售。

　　我的内心还是有些不甘，难道我就不能创业吗？我还在思考这个问题……

专家建议

　　翟成的经历告诉人们，创业需要做好规划。

　　一是自己创业，一定要做好市场调研。特别是服装进货一定要以市场需求为基础，不要任由自己喜欢与否，要尽量满足市场需求。

　　二是创业前做好准备工作，提前做好应对突发事件的心理准备，并对所从事行业做深一步研究，详细了解行业背景和定位，切不可盲目求大求全。

　　蓝领创业最重要的一点就是对自己做好自我定位：自己到底想要什么？自己适不适合自主创业？这些都是前期需要考虑的问题。

创业智慧

　　一份创业规划能够在多大程度上取得实际成功，取决于它在多大程度上对以下几个原则进行了准确把握，并进行了最完美的结合。

第一，自己能够做什么

　　对于一个创业者来说，只是知道自己想干什么，这还是不够的，更重要的是，应该知道自己能够做什么、做到什么程度。当然，这是相对而言的，因为一个人潜能的发挥是一个逐渐展现的过程。但是，一个人对自己的兴趣、潜能有一个基本的认识，仍然是一项具有前提性的工作。

第二，社会需求什么

　　一个人在明确自己想做什么、能做什么的同时，还应考虑社会的需求是什么这一重要因素。如果一个人所选择的创业领域既符合自己的兴趣又与自己的能力相一致，但却不符合社会的需求，那么，这种创业的前景无疑会变得暗淡。由于分析社会需求及其发展态势并非一件易事，因此，在选择创业目标时，应该进行多方面的探索，以求得出客观而正确的判断。

第三，自己拥有什么资源

蓝领要创业，就必然依赖各种各样的资源，应该清楚地审视自己所拥有或能够使用的一切资源的情况，是否足以支持创业的启动和创业成功之后可持续地发展。这里所说的资源，不仅指经济上的资金，还包括社会关系，即通过自己既有人际关系以及既有人际关系的进一步扩展所可能带来的各种具有支持性的东西。

第四，怎样制订具体的创业致富规划

创业致富规划至少应该包括以下一些主要方面的内容。

一是确立创业目标和方案。一个人要把一个创业致富理想变成为现实，首先就必须确立一个创业目标并制订一个总体计划。

二是制定创业原则和步骤。创业原则常常是在创业理念的指导下确立的，它会产生有效的创业实践构想，并使创业活动赢得新的资源。创业步骤把整个创业过程和有关阶段加以具体划分，但是，它在深层上仍然是创业目标、创业原则的一种体现。

三是创业的基本条件。要创业，从来不是等到条件成熟了之后才开始的。创造创业的基本条件，这本身就是创业的一个重要组成部分。这种条件既包括创业领域的内外在条件，更包括自身的实际情况。

四是确定创业的期限。有必要制定一个关于创业成功的时间表。

对于一个立志创业的人来说要制定一份好的创业规划，从原则上说，应该把握三个主要内容：自己能够做什么，社会需要什么，自己拥有什么资源，继而制订具体的创业致富计划。因此，蓝领有必要进行自我分析、环境分析和关键因素分析。

创业必须有明确的目标

为了一个明确的微小的目标而奋斗并获得成功是值得欣喜、自豪的，因为微小目标的实现是将事业做大做强的前提。

商场如战场。从某种意义上来说，商场比战场残酷得多，面对千变万化的市场，创业者只有不断地实现自己的目标，才能立于不败之地。在创业过程中，一名优秀的创业者最重要的是逐步实现自己的小目标，只有这样才能实现最后的大目标。而需要实现目标，就要在有了明确的目标之后进行可行性分析，录取有效方法使目标得以实现。

理财案例

姓名：张红

年龄：29 岁

职业："月子保姆"公司老板

月薪：1 万元以上

6 月 15 日，晴，微风。

我毕业于 H 市的一所大学，曾在一家国企做过管理工作，还曾在"康师傅"企划部做过企划。在"康师傅"的经历对我的影响很大，教会了我按科学的方法来思考和处理问题。后来我进入了联通公司。

3 年前，我的女儿来到人间。初为人母的喜悦很快被烦恼所代替，原因在于，难以找到一个合适的月子保姆。在女儿来到人间的短短一个月内，我竟然换了 6 个保姆。这使我开始思考一个问题：自己有这样的烦恼，别人是不是也会有同样的烦恼？那么，如果能够为大家解决这个烦恼，岂不就是一个巨大的商机。

这么想着，我很快进行了一番市场调查，发现月子保姆市场确实存在，而且市场需求还不小。这使我很兴奋，一直有创业情结而始终找不到好项目的我，决定将创业目标就定在这里！

目标定好了，我并没有盲动。我想，自己资金不多，经不起折腾，需要寻找一条成功的捷径。经过考察，我很快就找到了这条捷径：与省妇幼保健医院合作，共同开发月子保姆市场！

于是，我试探着与省妇幼保健医院联系，对方同样深感兴趣。创业的两大难题、两只拦路虎——技术和客源，就这样轻而易举地得到了解决！

当我到工商部门去申请登记注册时，工作人员十分惊讶，因为他们还从来没有听说过本地有这样一个行当。

我的公司——"月子保姆公司"是 H 市第一家以产妇、新生儿为服务对象的专业公司。我给自己的公司取名为 H 市"月子保姆"服务有限公司。因为这个事情实在新鲜，引起了很多新闻媒体的兴趣，H 市的报纸、电台、电视台进行了轮番报道，我和我的公司一举成名。

现在，我的生意做得顺风顺水。虽是一门小生意，而且做的是短期业务，因为每家使用月子保姆的期限一般都在一个月左右，但是由于我们的服务到位，口碑很好，有不少预约的客户，因此，公司得以持续经营。公司除去各项开支，每月纯利可达数万元。近期，我还准备在附近的一个城市开办分公司或者发展加盟连锁机构呢！

专家建议

设身处地的下一句话就是"推己及人"。从自己和别人的困难中发现商业机会，已经成为了一个常规的方法，成功的概率非常高。这是因为当自己或别人感到困难的时候，证明市场已经形成，自己所需要做的只是采取正确的方法，对已经形成的市场进行开发而已，这比凭空创造一个新市场要容易得多，需要的投入也会小得多。

所以，作为投资创业者，平时要留心观察，机会说不定就在自己的身边！

创业智慧

创业，首先需要一个明确的目标。一个目标非常明确并坚持到底的人，会成为创造历史的顶级商人，比如红顶商人胡雪岩，就现代而言也不乏成功的人，比如王永庆、李嘉诚等，都是从小生意起家的；一个心中没有明确目标的人，即使想干好一种事，也可能中途变卦，到头来无所作为。可见，明确的目标在创业过程中具有重要意义。

第一，明确的目标能够激发创业者的积极性

目标是努力的方向，也是创业者对自己的鞭策。随着努力地向目标一步步逼近，创业者的成就感会越来越强，其奔赴目标的积极性也就会更大。对许多人来说，制定和实现目标就像一场比赛，随着时间的推移，人的思维方式和工作方式就会渐渐改变。

有一点很重要，制定的目标必须是具体的、可以实现的。如果计划不具体，即无法衡量是否能实现，那就会降低自己的积极性。因为向目标迈进是动力的源泉，如果无法知道自己向目标前进了多少，就会很容易泄气，进而会放弃它。

第二，明确的目标有助于安排轻重缓急的事务

目标不明确，创业者就很容易陷进与创业无关的日常琐事当中。一个忘记最重要事情的创业者，只会成为琐事的奴隶。

第三，明确的目标有利于激发人的潜能

没有明确目标的人，纵使有再大的力量与潜能，由于把精力放在其他事情上，最终也会因此而忘记了自己本应做什么。要激发潜力，就必须全神贯注于自己有优势并且会有高回报的方面。明确的目标能帮助创业者集中精力全力以赴做自己的事业。另外，当创业者不停地在自己有优势的方面努力时，这些优势便会进一步发展。

第四，明确的目标能使创业者更好地把握现在

任何理想的实现都有赖于将总目标分解为若干小目标，任何总目标的实现，都是几个小目标、小步骤实现的结果。所以，如果创业者集中精力于当前手上的工作，心中明白自己现在的种种努力都是为实现将来的目标铺路，那么成功是迟早的事。

第五，明确的目标能使创业者未雨绸缪

目标明确的创业者总是事前决断，而不是事后补救的。他们总是提前谋划，而不是等别人的指示。他们不允许其他人操纵他们的工作进程。如同《圣经》中的诺亚并没有等到下雨了才开始制造他的方舟一样，不善于事前谋划的商人是不会有进展的。

明确的目标能帮助创业者事前谋划，创业者把要完成的任务分解成可行的步骤。因此，要想制作一幅通向成功的蓝图，创业者首先要制订明确的目标。

第六，明确的目标能使创业者把重点从经营本身转到经营成果上

商场中的失败者常常混淆了工作本身与工作成果。他们以为大量的奔波忙碌，尤其是吃苦耐劳，就一定会带来成功。其实，衡量成功的尺度不是做了多少工作，而是做出的成果如何，也即创造了多少利润。如果创业者制定了明确的目标，并定期检查经营进度，自然就会把重点从经营本身转移到经营成果上，单单用经营来填满每一天，这是行不通的。

创业者取得丰硕的成果实现了目标，才是衡量是否创业成功的正确方法。随着一个又一个目标的实现，创业者会逐渐明白，要实现目标需要花多大的力气，如何用较少的时间、成本来创造较多的价值，从而引导创业者制订更高的目标，实现更大的理想。

如何面对创业初期的困难

创业者在创业开始阶段都要应付各种各样的问题与困难，面对这些困难，创业者要保持战胜它们的信心。

万事开头难，创业也是一样。也许创业进程不如开始之前设想的那么美好，也许创业者的事业正在经历停滞不前的困扰，但这些都不应该成为放弃的理由，要知道，成功总是属于那些坚持到最后的人。

理财案例

姓名：白杰

年龄：26 岁

职业：库管员

月薪：4000 元

6 月 25 日，阵雨。

我是一名正打算创业的在职者。几年前大学毕业时就曾想过是否要直接创业，但由于考虑到自己社会经验尚浅且条件不足等原因，还是选择了先打工。不久前，我和两个大学同学重逢，一聊起来发现都有要创业的想法，且优势互补，于是三人便利用业余时间准备创办一个项目，但没多久就遇到了不少问题。

首先是大家业余时间有限，住得又分散，而这个项目开发

存在一定技术门槛，因此执行效率很低。我很怀疑合作伙伴是否能够将我的想法实现，这其中存在很大的不确定性。

其次，我觉得可能也是因为大家还没有把自己当成股东。由于前期资金投入少，大家都是利用各自的优势参与，所以用资金投入比例划分股权的形式显然不合理，但我还没想到更好的方法。

是继续边打工边创业，还是干脆想办法找来投资、全心创业？是现在就将股权划分好，早点给兄弟们一些安全感，还是看产品开发的情况再决定？我现在十分迷茫……

专家建议

白杰的两个伙伴是不是在合作中把以前读书时就有的拖拉习惯带了进来，或者因为是白杰在主导，所以他们本来就不愿意负责任的态度更被强化了？当然，最可能的是这年头很多人都想创业，但又害怕承担太大风险，有人牵头做老大（承担者）当然好，但又担心得不到自己应得的利益。就在这样的患得患失的考虑之中，两人都用无声的语言让白杰自觉做好相应的工作，这是可以理解的人之常情。

白杰也说到他们三个人优势互补，那么如果项目不能按期开发出来，是不是相应负责那一环节的人就要自动出局呢？事实上，白杰应该知道，项目开发并不是一个人可以全盘完成的，除非这个人有比较类似的一套东西作参考，不然在金钱和时间有限的情况下，项目开发确实充满了不确定性。

当然，创业合作时的情境也很重要：几杯酒下肚，同窗的友情，工作的烦心，这些引起相互间强烈认同的因素，容易让人迷蒙了双眼，看不清楚各自真正的优势在哪里。虽然都是同窗好友，但过了这么多年，又处在最容易变化的年龄段里，如果合作中遇到问题，且没有耐心和容忍度，就很难协调了，因为欺骗、阴险这种非常负面的词汇很容易脱口而出。

其实，合作的协调性比优势互补更重要，如果大家在理念上不合拍，工作上不齐步，优势又怎么会被调动起来呢？现在刚刚开始，白杰就对合作产生了很多疑问，如果白杰能够设身处地为他们想想，他们可能也有不少疑问呢！

所以，建议白杰还是重新再清醒地思考一下合作基础究竟怎么样？创业过程中问题和困难层出不穷，但是只要大家彼此信任，善于沟通，如果没有什么人品问题，起码是可以善始善终的。要不然，即便走到开花结果，为了果实的分配也会弄得人仰马翻。

现在，白杰最实际的做法就是判断出两个伙伴的合作价值，并让他们明白：如果自己做不好也没有关系，大家可以一起去找资源，毕竟负责项目开发的人未必一定要亲自开发，同时明确各自的投入程度和工作进程。另外，一定要用法律工具保护大家的创业热情，明确各自的股权比例，说不定效率就会不一样。

如果白杰对此心里没底，那就和他们提早声明，快点放弃，搁置项目，来日方长，后会有期，当然也可能是"后悔"有期。不过，一旦决定暂时放弃，继续打工，那就要踏实积累自己真正需要的资源，为今后的创业做好铺垫。

一个总的原则是，白杰应该亲兄弟明算账，不管结果如何，还是把该说的先说清楚，不然心里都装着事，干活难免受影响。

创业智慧

创业者在开始阶段都要应付各种各样的问题与困难。面对这些困难，创业者要保持战胜它们的信心，下面是一些创业起步阶段的应对之法，希望能帮助创业者度过那段艰难的时光。

第一，节省办公开销

初期创业者，资金周转及回笼没那么顺畅。因此在刚开始时，往往不得不"能省则省"，尽量少花钱，能不掏腰包者尽可不掏腰包，诸如电脑、

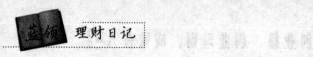

传真机、电话机等，如果家里有的可以直接充分利用。而如果部分设备或用品暂时没有，又不得不添置的，也可到二手市场去淘，先将就用着，等赚了大钱再大大方方地换成新的。

此外，还可从如下方面节省办公开支：办公用纸两面使用、购买可重复使用的打印墨盒、使用网上下载的免费表格、自动下载免费软件，等等。

第二，明确市场定位

明确自己的市场定位，这一点在创业起步阶段就必须确立下来。掌握了市场发展方向，才会拥有市场份额，从而占领市场。因此有明确的市场定位，是在市场占有一席之地的保障。

第三，稳定老客户源

一般情况下，自己组建公司开展业务要具备两项优势：熟悉并能掌控业务方向和拥有一批老客户。在公司组建初期，稳定与客户的合作关系使他们成为回头客，并通过他们口口相传带来新客户，这显得十分重要。这是一个公司稳定和获取长足发展的源泉。而在稳定老客户时，妙招也是十分丰富的，例如，价格上优惠于一般市场价格、服务周到细致、不时给点另外的小优惠，等等。

第四，挖掘潜在客户

在市场定位基本明确的情况下，可以通过网上各大论坛寻找对自己的产品或服务可能感兴趣的客户或商友，以扩大客户源。

第五，妙用网络沟通

借助网络搜索引擎寻找并加入迎合自己受众需求的论坛和社区。在自己的网络签名里加上自己公司的地址。当然，要能在论坛里提供有价值的资料，人们才会点击浏览。

第六，开设网上商店

在网络营销如此盛行的现代，新开设的公司要想使自己的业务获取长足发展，网上商店的开设势在必行。然而，在众多电子商务平台里，选取怎样的网络营销平台也是创业者必须重点考虑的问题。

在此，有个建议：选择网络平台不该随大流，而应自己独立选取，并且重在前景，不要只看眼前。最主要的是挑选一个能够给自己及客户获取最大实惠和方便的电子商务门户。

第七，适时传播自我

要把企业做成、逐渐做大，在资金短缺等不利因素下，投入大笔资金做广告显得不太现实。因此，要懂得在适当时候传播自我以及自己的企业。例如，可以考虑把自己公司的名称和网址印在信笺里、名片上和电子邮件签名中，或者员工制服上、将要发出的宣传品、所有新闻稿、黄页广告和公司车辆上，这样，所有的潜在客户都将有可能看到它。

第八，提高个人素养

在创业初期，由于没有过多的资金和费用来一应俱全地雇用各种所需人员配合自己开展业务，因而，很多事情还必须自己干。在这种情况下，对初期创业者还有一点要求，就是提高个人素养。

事实上，把自己培养成一个全能至少接近于全能的人才，既方便创业初期公司的运作以及业务的开展，又能够为今后公司发展步入适当规模后招聘和管理员工奠定基础。

创业心态决定创业成败

创业是实现自身价值的极好机遇。因此，创业者就要跳出从众心理，跳出自卑心理，相信自我，肯定自我，坚定自我，战胜自我。坚信"给我一个支点，就能撬起整个地球"。千方百计地克服各种困难，成就事业，实现自身的价值。

对于创业新手来讲，首先要有一个正确的创业心态，不迷信那些成功的英雄，相信自己的潜力可以得到发挥。只要抱着乐观的学习心态，勇于开拓进取的创业精神，就会拉近理想与现实的距离，一步步走向成功。

理财案例

姓名：郑英

年龄：45 岁

职业：服装公司老板

月薪：1 万元以上

6月6日，晴。

我的家在山东省，从小家境贫寒。我以前在工厂工作，工厂每年发的劳保工作服成了我日常生活的主要着装，家中每年的服装购置费用主要集中在独生女儿身上。从女儿出生开始，我就亲自动手为女儿做衣服。起初，我用自己年轻时的衣裙为女儿做小服装，等女儿慢慢长大了，我就到布料店购买小布头来做衣服。女儿上了中学后，对我做的衣服样式开始有些不满意了，虽然懂事的女儿没说什么，但是我不想太苦着孩子。此时，我的弟弟在当地开了一家小服装店，每逢过季的时候，都会有一些服装积压下来。虽然弟弟经营的是成人服饰，但我每次在过季后都会去格外细心地挑选几遍，从中翻腾出几件衣服。拿回家后，再针对女儿的身材修改腰线、领口等部位。通常情况下，只要花三四十元钱，就可以给女儿"购买"四五件新衣服穿，女儿也十分高兴。

　　后来，我下岗了。闲来无事时，就给女儿修改几件衣服。邻居们看着我女儿身上的漂亮衣服都很美慕。由于当时适合中学生穿着的服装还很难购买，款式上要适合中学生的年龄阶段，号码又要符合中学生的身材条件，价格还要相对便宜，这样的服装在我们那里的市场中很难找到，于是，一些邻居纷纷找我帮忙制作孩子的衣服。本来我就闲不住，就痛快地答应了。我先给邻居家的孩子量好尺寸，然后直奔弟弟的小服装店，从过季或过时的积压库存中淘衣服，回来后根据量好的尺寸再进行修改。

　　随着制作的服装越来越多，上门来找我帮忙的人也多了起来，隔壁厂宿舍的人也纷纷前来。为了简化工序，我干脆用低价将弟弟店中可以修改的服装都抱回家，熨烫整齐后挂在屋里，上门来的顾客先挑选好衣服，我再根据顾客要求进行修改，每月单靠改衣服就可以赚上600多元。

　　几个月后，我的家成了附近闻名的小裁缝铺。甚至不少人连扦裤口、改尺寸等也找我做，我的收入也相应多了起来。

　　看到学生服装如此有市场，我开始琢磨自己创业，专门生

产学生服装。按照一般的理解，我当时可以选择用积攒下的 6 万元创业，但是，多年理财的经验告诉我，长期的投入与等待才是理财致富、创业致富的先决条件。我希望通过创业赚到更多的钱，但同时也要确保自己投入的每一分钱都不会打水漂。于是，从有了创业的念头开始，我就从为自己理财和为他人理财的角度来处理面临的两大矛盾。

一个矛盾是学生服装对面料的结实程度要求较高，但同时价格要相对便宜。对于这个矛盾，我的解决方法是，从周遭的小布料厂中专门翻腾出积压的各色劳动布，回来后按照新款式制作，老布料新样式，平均一件服装的成本不超过 7 元钱。另一个矛盾是，是自己办一个小厂或另租一个小店？还是干脆前店后厂？我反复计算了各项投资的费用后，都觉得两者投入太多，不是理想的方案。我觉得还是充分利用现有的资源，利用自己弟弟的小店比较好。于是，我先制作了几个款式的衣服，拿到弟弟的小店中寄卖。看到衣服供不应求、市场反映良好，我又将以前厂中的下岗姐妹拉来了几个一同制作服装。整整一年半的时间里，我都是让姐妹们到家中来干活，而没有另外租厂开店。

后来，由于缝纫机的噪声太大，邻居们纷纷表示不满，我也感到产品销售比较稳定了，才从多年积蓄中拿出 4000 元钱，租了一个小厂房，购买了二手设备，开始规模化生产。我还给自己的厂子取了个好听的名字：童心服装厂。

8 年时间，我从一个下岗女工到现在做公司老板，中间遇到了很多难题。但是与别的创业者不同的是，在这 8 年的时间里，我凭着在生活中养成的良好的创业理财心态，利用现有资源为自己创造财富，绝不大胆冒进，努力降低风险，才使我有了今天令人羡慕的成绩。

　　现在，我更加坚定地认为：正确的创业理财心态，是创业者必备的素质！

专家建议

　　创业群体中不同的创业者心态是不一样的。研究和分析创业群体的不同心态、特征的目的，是为了使创业者进行正确的、适宜的战略策划和战略设计，更好地进行创业实践！

　　在实践中创业者的心态大约分为以下类型：

　　一是本领恐慌型。相当多的下岗创业者常常挂在嘴头的一句话是"一下岗就找不着北了"。这种"找不着北"的现象就是一种恐慌。原有的本领过时了，新本领又不会，岂不是陷入了本领恐慌？一陷入本领恐慌，就会感到困惑，感到压力，感到生活的渺茫。这些人对原来大锅饭的机制有某种留恋；对已经下海创业富起来的人有某种羡慕。想自己干一番事业又苦于年龄大了，精力差了，本领没了，家底薄了，亏损怕了。既不知道从哪里入手，又不知道该怎么办。

　　二是心急火燎型。这种类型的创业者主要为三部分人：下岗工人，失去土地或由乡村进城创业的农民，毕业后找不到工作或没有找工作而直接创业的大学生。这是中国数量最大的一拨创业人群。这一类型的创业者占中国创业者总数的绝大多数，其中许多人是迫于生计而创业。在初期，这些创业者一般没有长远的思虑和谋划，而急于尽快致富，特别是受"激情创业"说法的蛊惑，因此，对创业充满激情、充满憧憬，虽具有吃苦耐劳的精神和百折不挠的进取心，但是，对创业的艰辛、市场的险恶、竞争的激烈，缺少深刻的认识和必要的准备。这些人，需要一段市场的磨炼，他们的心才会逐渐稳定下来，他们的步伐才会逐渐坚定起来，他们的经验才会逐渐丰富起来。当他们具有了较多的经商经验和一定的资金积累，完成了资本的原始积累以后，他们的志向就会有较大的提升，会适时地抓住机

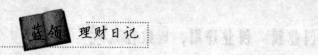

遇成就大业。

三是急于发财型。人们急于致富是当前大众的普遍心态，因此，在创业者中有一种人急于创业致富。他们或是过去在工作期间聚拢了一些资源而跳足下海的，或是为亲戚、邻居发财致富的事实所激励、所吸引而经商下海的。他们急于通过创业寻找发财的机遇，致富的真经。还有一部分人是受了网上"一夜暴富"、"投资一万挣了一百万"的鼓噪而投身创业的。这部分创业者比较着急，急于挣大钱。急于今天开业，明天买车，后天置业。性情比较浮躁，不注重研究市场、研究产品、研究商机、研究趋势。爱听甜言蜜语，容易上当受骗，这是应该注意的。

四是实践锻炼型。长期以来，创业者虽有激情，但总给人急于求成、不够冷静、理性不足的感觉。随着创业的发展，这种现象不断改变。一些人开始把创业过程作为一次亲身经历创业流程的"彩排"机会，作为生活积累和提升领导能力的基点，以便为日后的创业打下坚实的基础。因此，这样的人不在乎结果而在乎过程，在乎亲历性、感受性和换位的可能性。在理想与现实之间，虽然他们无数次尝到了市场的残酷选择，但他们中的大多数人还是义无反顾地坚持着、继续着。

五是实现自身价值型。这类创业者当前有四种类型：其一是探索了在淘宝网和阿里巴巴等网上开店的成功经验。看准了走电子商务和网络营销创业之路，具有闯出一片蓝天、实现个人价值的现实可能性。其二是具有了制作网站、软件开发和商务网站建设的服务技能，或从事若干服务项目的整体脉络。可以几个人联合起来开办公司来创业。其三具有了在打工期间或锻炼期间积累的市场资源、产品资源或客户资源，决心自己创出一番事业。他们的这种百折不挠的精神和坚毅的品格会形成一种品格魅力。能够很快形成一个商业团队，依托这个群体，能够很快地在创业的路上，打拼出自己的一片蓝天。其四是有备创业者。这些人以研究生较多。他们一般有较成熟的创业思考和项目准备。他们或是具有专利、专有技术或创新产品；或是具有成熟的市场开发思路，有的甚至已经和风险投资商有所接触；或是有被风险投资者看中的具有市场前景的项目。这样的创业者可能已经聚拢了一个初期的创业团队。因此，他们可能很快成为高起步的创业典范。

创业智慧

创业者成功后一般有两种心态：一种人善于利用自己的创业故事来包装自己，让无数追逐财富的青年们竞相模仿与崇拜。另一种人则更为低调，淡泊，信奉"夹着尾巴做人"的信条。其实，这两种创业心态都有问题。创业者应该培养正确的创业心态，这样才能进行成功创业。

第一，创业只是一种开创性的工作

很多人认为当老板是天生的，这表明我们常常自我设限，这是不对的。造成自我设限与我们当前的教育体系有关系，这个体系不完全是学校教育体系，还包括我们的家庭教育环境，因为我们的教育都是在告诉学生如何在毕业后找一份好的工作，却没有谁告诉一个学生，毕业后如何去开创自己的事业。

其实，创业就是一件很神秘的事情，只要把握住了创业的基本要素，控制住了创业的风险，创业只不过是一份工作，这个工作更能挑战自己的开创性。

第二，创业是个性的行为

创业的难度在于它给创业者带来的全方位的挑战性，而挑战因为企业、创业者、创业项目、当时的创业环境不同而完全不同，可以说，世界上没有哪一个创业者是使用完全一样的手法成功的。从学习意义上来说，创业非常个性化，蓝领要学习的是创业人物的心态与处理事情的方式方法，以

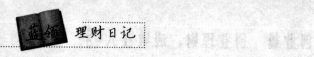

及他们的精神，而不应该盲目跟风，把他们奉为神明，动辄以"某某某就是这样成功的"、"某某某说过……"等，这是别人的创业体会，不一定适合于自己，一天到晚完全学着他，是不可能成功的。

一个创业者没有自己的个性与思考判断能力，是很难想象他会成功的。要想创业，就要先了解清楚自己，别人成功的例子虽然各具特色，总会对自己的事业有一点帮助，但是只有根据自己的实际情况选择好自己的路，才有可能会做出属于自己的成就。

第三，成功由不断的行动组成

空想不是创业。如果你想等到自己的计划完美了再开始行动，那么将永远等不到那一天。因为市场环境永远在变，留给自己的机会永远也在变，唯一不变的就是变。所以，完美永远等不到。事实上，只有行动了才有修正的机会，只有修正才会保持正确的方向。

因此，如果想创业成功，买再多的成功故事书来看都没用，只要自己不断学习、不断实践，并善于在实践中不断提高自己，就会不断进步，创业之路就会越来越顺畅，直至成功。

第四，敢于超越创业英雄

在历史长河中，从来都是"长江后浪推前浪"。创业者大多是有创精精神的人，而正因为如此，才使他们有动力通过创业去追求自己的理想目标。

要敢于挑战英雄、超越英雄，这才是"敢教日月换新天"。创业精神可以传承，但创业道路却各有不同，要学别人所长，努力走出自己的道路。

总之，正确的创业心态是创业者成功所必须具备的，只有具备上述五种心态，就能保证蓝领在创业的道路上不迷失自己。

置业篇 谨慎置业，规避风险

　　对于大多数购房者来说，能够顺利买到住房的愿望是美好的，但是在现实交易中总是难免会有一些"暗礁"出现，因此，购房有风险，置业须谨慎。为此，本篇内容告诉蓝领如何走出购房误区，如何避开购房陷阱，用什么方法购买保值房，如何防范住房按揭贷款风险等内容，帮助蓝领在购房过程中顺顺当当地完成交易，拥有自己的可心住房。

教你怎样轻松赚钱买房

你可以不屑于理财，不屑于铜臭，然而钱这东西很微妙，你善待它，它就会偏爱你；你懒于管理它，它也会渐渐离你而去。

购买房子是人们的要务，一点都不为过，谁都希望有自己的安居之所。一个人无论在怎样的环境中，都要让自己过得幸福，而幸福是自己给的。对于任何一个原本收入不高的蓝领来说，只要脚踏实地，一步一个脚印地去做，就不怕买不到房子！

理财案例

姓名：张强

年龄：28 岁

职业：销售员

月薪：5000 元

6 月 12 日，多云转晴。

从 2004 年开始，面对没钱买房子的现实问题，我开始意识到钱对生活的重要性：有钱不一定能让人幸福，但没钱一定会让生活平添许多烦恼。从那个时候开始，我有了初步的理财意识，即记生活流水账，并努力地硬性储蓄。

作为一个"80 后"的家庭主妇，要想理好财、持好家，学习理财知识是非常必要的。那一年，我开始疯狂地浏览各种理财信息，常常泡在各种理财论坛里学习别人怎么理家。同时也知道了 12 存单法的银行存款方式，什么是股票和基金，保险也是理财必备的工具等一系列的理财知识。

从 2005 年购买人生中的第一份保险到 2006 年买基金入市到现在，我收获了不少东西，同时也走了许多冤枉路。回想起 2007 年 9 月份，大盘高位运行，我不顾风险将手里的资金大量加仓于基市，特别是 10 月份认购上投亚太优势，当时配比成功率是 25.41%，买后净值一直亏损，终于在亏损 35% 的时候割肉出局。因为用的并非闲钱，这次经历给我的教训很深刻。

2008 年是我转折性的一年，这一年，我结了婚。如果说有不顺的，便是生活给我上了一堂教训深刻的理财课，因为这一年我的资金压力相当大：房贷在 1800 元以上；简单的装修花了近 5 万元；置办大到家具家电，小到锅碗瓢勺，又是 4 万多元；基金定投一直都是绿洼洼的，一次性投入的基金亏损度更是惨不忍睹；为自己交的保费高达 6000 多元；交学费 2000 多元……资金面造成的压力让我苦不堪言，对于我们年轻人来说，贷款买房真的是面对生活压力的开始，这种压力如非亲自感受，是很难体会其中艰辛的。

买婚房让我体会颇深：因为年轻气盛，过高地预估了自己的能力，透支了今后的生活费用支出，所以一定要预算到位，才能临危不乱。

2008 年投资理财的挫败，让我以后的理财心态比以前平和许多。走弯路是为了以后走得更远，在理财这条路上，我的方法总在不断地微调，只为寻找出最适合自己的方法。我认为虽然家庭理财要因人而异，但也是有规律可循的。

对于理财，我总结了如下五条经验。

一是先从预算与记账入手。预算的目的是为了让自己的小家庭有目标有方向，使得开支更有计划性；而记账则可以清晰地

反映小家庭的收支情况，有利于更好地作预算。预算与记账相辅相成，当我的这个好习惯坚持几个月以后，便清楚地了解了家庭的财务收支情况，是否需要适当控制。

二是当清楚自己小家庭的财务情况后，选用一些利于小家庭理财的工具，比如开通网银，选择两到三家信用卡。开通网银一方面可以节省小家庭的生活成本，比如省去缴纳水电燃气费的时间成本、选择性价比高的网络购物，更为以后的炒股、基金定投、炒黄金等理财工具的选择节约理财成本；开办信用卡可以增加小家庭的现金流，因为它有五十几天的免息期，这样我便可以让更多的现金用于投资或是其他领域。同时最关键的一点是可以积累个人信用，为以后的贷款买房提供便利。

三是选择适合家庭成员的保险，让家庭成员不再裸奔。有的保险不规范的营销模式及高额的佣金提成方式让大多数人对于商业保险有看法和顾虑，但我认为保险对于一个家庭的财务规划相当重要。因此我觉得要重视它的保障功能，不要太在意是否有投资功能。

四是寻找适合自己小家庭的理财工具。当我坚持了一段时间的预算与记账，也使自己的小家庭获得了保险保障后，开始考虑如何使家里结余的现金保值增值。这个时候，就需要根据自己的预期收益率与风险承受度选择一些适合自己的投资工具，比如基金、股票、纸黄金等。具体买什么，要看自己对哪种投资工具比较擅长；持有多长时间，要根据小家庭资金的具体需求而定；买多少，则根据小家庭的资金节余来决定。我认为最适合普通小家庭的便是定投，这个定投可以是储蓄定投，也可以是定期买股票及基金。

五是用银行的钱，理自己的财，即巧用贷款政策，买房置业。当有一定的经济实力的时候，人们一定会考虑改善居住环境，而房子是每个中国人都不可回避的一个话题。所以当资金积累到一定程度时，就要多了解贷款买房相关的知识。利用好一些贷款政策与还款方式，就会达到事半功倍的效果。可去一些金融类门户网站及各大银行网站浏览关注最新的贷款政策和贷款小窍门，如新浪财经、金融e站等，或如首套利用商业贷款申请七折利率、巧用公积金贷款换房、选择抵押贷款办二套首付；申请等本与等息还款的差别，等等。

专家建议

张强的做法可概括为四句话，即以管钱为中心，攒钱为起点，生钱为重点，护钱为保障。后三句都为第一句服务。

对于钱，挣一个花两个一辈子都是穷人。一个月强制拿出10%的钱存在银行里，很多人说做不到。给自己做个强制储蓄，发下钱后直接将10%的钱存入银行，不迈出这一步，就永远没有钱花。

不动产是生钱项目中刚性需求一直很强的一个。一个家庭，要投资于房地产，应该做好理财规划，合理安排购房资金，并学习房地产知识。毕竟，购房对于每个家庭都是一项十分重大的投资。

生钱就像打一口井，为你的水库注入源源不断的水源，但是光有打井还不够，要为水库修个堤坝，即购买意外保险。天有不测风云，谁也不知道会出什么事，所以要给自己买保险，此外，保险还是理财的重要手段。

为你支招

蓝领阶层树立理财观念，通过赚钱买房，可做如下尝试。

第一，转变目前花钱为主的观念

许多蓝领只会想着把结余的钱存起来，也就是说，把月支出的剩余部分存入银行。这样一来，他们的支出只受收入限制，一旦缺乏控制力，月存款就会为零。如果他们把月支出限定在存款之后，就首先保证了一笔月

存款，收入扣除这笔存款后，剩下的钱就可用于支配了。

同时提醒，存款和支出最好不要用同样的账户，这样会不知不觉把存款也用掉。

第二，制作和填写每月收支平衡表

根据自己的消费习惯，将剩下的可支配的钱，做一个收支平衡表，将一个月中的每一笔收入和支出详细记录，列表的作用是让自己确定哪些是固定支出，而哪些是本可以不用的开支，日后可以尽量减少这些开支。

第三，学会精明消费

通过寻找"替代品"的方式，在减少开支的前提下，保障自己生活质量。比如买衣服，一两件衣服就要花费两三百元，首先考虑下能否买其他价格便宜一些、但质量也不错的其他品牌的衣服替代；其次当季购买价格贵，就在换季、打折的时候购买，这样就可减少衣服的开支。比如同学聚会应酬，大家都是刚出来工作的，经济条件相当，不一定每次都要去高消费场所。

第四，善用信用卡

蓝领可以利用信用卡的免息期理财，利用信用卡对账单的记账功能。但自制能力差、不善于用信用卡的人，最好避免刷卡消费，改用现金消费，这样花钱很直观，才会心疼一些。

第五，努力开源

蓝领在本职工作以外，如果有可能，通过其他兼职机会来增加自己的收入。

做到以上这些，就可以不断积累资金，蓝领的购房目标必将实现。

冷静置业需规避的购房误区

当今买房在变得很困难，如果过去仅仅是房价高的话，那么在限购令之下购房资格也变得弥足珍贵。因此对于购房者来说，购房需谨慎、理性，避免陷入购房误区。

对于购房者来说，买房无非就是选择期房、现房和二手房。事实上，房子的金贵，常常让人忘记了它也不过是平常的商品罢了，既然是商品，期房、现房、还是二手房，就难说哪个是绝对好的。事实上，适合的、舒服的才是应该选择的。但在购房时，有些购房者却常常存在着误区，而这些误区必然会使购房者陷入窘境。

理财案例

姓名：韩磊

年龄：29 岁

职业：私营业主

家庭收入：5000 元左右

6 月 29 日，阴，有阵雨。

我与女友准备今年年底结婚，所以买婚房成为我们近期的头等大事。婚房，婚房，没有房子怎么结婚呀！况且女友也说："没有买好房子就结婚，一点意义也没有！"这就更坚定了我买婚房

的决心。

我也曾想等到房价跌到底部之后再买，但时间不等人，年底结婚的话，近期必须买好房，否则时间上就来不及啦！

在看房过程中，有中介公司的经纪人告诉我，现在不少楼盘价格回落了两成左右，月供与租金相当，现在买房是相当划算的，并让我尽快拿定主意。

我认为中介公司经纪人的话也有道理，况且租房每月付租金，等于是替别人养房，长期下去，最终什么都得不到；而如果买房的话，自己拥有产权，长期看还能升值呢！

在选房过程中，我坚持要买在外环线附近，这样，把节省下来的钱再买辆车，岂不是车房一步到位！但女友认为，不能单纯只是考虑价位，同时还要考虑到交通便捷程度，以及将来小孩上学等问题，认为在不超过自己承受能力的情况下，稍微往市中心靠一靠。

这段时间，我们俩一有时间就去看房，上班的时候都想着这事呢！今天是周末，虽然下雨了，但是我们要趁着雨稍停，马上去看下一个楼盘。

房啊房，什么时候我才能买到手呢！

专家建议

韩磊"无房不成家"的观念是典型的购房误区。买房需要综合考察各种因素，并不能单纯仅凭某些需求就作出决定。

买房还是租房，要根据个人的经济实力来决定。对于已经积攒了足够首付款的人来说，现在可以考虑购房。但是对于经济实力还不够的人，即使是收入比较稳定，也不要因为结婚而买房，因为当上"房奴"之后带来的不但是经济上的负担，还会带来精神上的压力，并有可能影响到其他方面，如过于追求收入稳定，可能会丧失更大的发展机会。

韩磊说"等到房价跌到底部之后再买"，但楼市底部到底在哪里？谁也无法作出准确判断，因此只能选择在相对底部并作出决定。

楼市的底部是无法判断的，最为极端的买卖行为决定了市场的顶点和底部，这对于任何人来说，都是无法作出预测的。因此，购房者要做的就是从市场的细微变化来寻找购房时机，如政府投放土地量加大、开发商投资热情的增加、推盘速度加快、成交量开始上升等，都预示着楼市信心的恢复。

市场回落，月供与租金相当也是错误的认识。月供跟租金是否相当，在很大程度上是由首付款的数额等因素来决定，这不能当做是否购房的主要依据。

事实上，影响月供水平有首付、贷款年限以及利率水平等因素。其实只有在首付为三成的前提下月供与租金相当，才能当做一个参考因素。

房租是纯支出，最终一无所有也是错误的想法。付出租金换得的是居住的权利，这只是家庭开支之一。在市场已经发生变化，房价不再一路上涨的今天，租房可以避免购房之后房价下跌的尴尬局面。而与此同时，资金的灵活程度较高，可从事别的投资获取回报。

作为蓝领阶层，"车、房一步到位"的想法更不可取。购房自住也要有投资意识，最好选择出租方便、具有升值潜力的房产。

对于一般的购房者来说，无法一步到位购买房子，因此势必要讲究梯级消费理念。租房时，选择功能全、交通方便、租金较低的房子，以积累资金，为购房作准备；购房时，选择具有升值潜力的房产，这是考虑日后换房可获得更多的资金。

综上所述，韩磊和女友应该树立正确的购房理念，调整心态，合理安排收支，这样才能减少或消除购房的隐患。

为你支招

对于大多数蓝领家庭来说，购房是一生中的大事或者可能是最大的投资，不容有失，一旦出现问题，就会对整个个人和家庭的经济造成极大的影响。因此，采取合理的方式规避购房误区很有必要。

购房误区之一：为购房而承担过重的经济压力。

按照我国收入水平和房价水平对比来看，购房不是一件轻松的事情。但是，一些人由于各种原因，或者是为了寻求一种安全感，或者是为了婚恋安家需求等，在自身经济条件并不具备的时候仍勉力为之，在经济方面不给自己留任何后路和周旋空间。

在购房问题上，一定要量力而行，不要承担过重的经济压力，通常还房贷的比例不要超过自己月收入的6成，否则就会降低生活质量，降低对抗经济波动风险的能力等，从而对整个人生都会产生不利的影响。

购房误区之二：盲目跟风购房。

尽管在电视上基本上看不到房地产开发商的楼盘广告，但是楼市的确是广告投入最大的行业之一，只不过其针对性更强而已。不管是发放的各种宣传小册子，还是听售楼小姐的介绍，甚至于路边的大型广告牌等，都是楼盘的广告形式，基本上是全方位立体式地对购房者进行宣传。要是购房者在购房之前不多问几个为什么，不加强一些怀疑的精神的话，很容易被这些广告给忽悠进去，按照别人设计好的途径步入购房者行列。

或许有些人能够抵抗住这些明显的广告诱惑，却无法抵挡住另外一种更为隐蔽的从众心理效应。当整个楼市都在狂热，当所有人都在议论房产赚钱的时候，也忍不住关注然后投钱进去买房，只为从中分得一杯羹，虽然这种盲目跟风的结果通常没有几个是好的，但是上当者永远都那么多。

购房误区之三：不作考察匆忙抢购。

尽管期房这个概念不是出自我国楼市，但我国的期房应该是卖得不错的。其实在我国这种楼市商业环境当中，最好不要购买期房，因为什么都没有成型，而购房合同上的利益往往无法得到完全有效的保障，从楼市各种信息来看，期房的购买者基本上没有几个满意的，各地的期房纠纷不断，购房者最后也只能默默承受自己的损失。购买期房更多的是出于一种抢购心理，害怕房产成功开发之后价格太高或者房源太少，所以想提前购买，殊不知风险也随之被无限放大，对于购房者十分不利。此外，一些开发商也经常刻意制造抢购气氛，误导购房者加入抢购行列。本来购房时就应该对房源质量、周边配套、整体交通和环境等进行一个全面的考察，才能得出房产价值系数，即使是现房，要做好这些工作都需要不少的时间和努力，期房就更难了，很多时候都没办法下手。

因此，购房者最好保持淡定，切忌抢购，置业前一定要作全面考察，如此才能稳妥购房。

购房误区之四：攒够钱才买。

这是一个理念错误。很多蓝领每日精打细算，要攒到足够的钱才买房，且不说要攒到何年何月，就单说房价的不断变化，要攒够钱才买也是很难的。

其实，购房在一定程度上要掌握窍门，比如用住房公积金贷款。购房首付越低越好，月供越长越好。

购房误区之五：被动炒房。

很多人看到房价涨了以后，觉得自己上班辛辛苦苦好多年还不如炒一套房一转手赚得多，于是也忍不住加入了炒房的队伍。殊不知炒房是一个很专业的活，一不小心就会被套。因为房子变现手续复杂、税费繁多、周期长，碰上调整，或者眼光不准，就很难脱手，最后只能被动地"炒房炒成房东"。压了资金，耗费了时间，影响了工作，最后心力交瘁，得不偿失。

因此，千万不要有短炒的心理。要有一种长期投资的心态。如果自己要参与房产投资，可以选择参加房产理财俱乐部，让专业人士帮忙赚钱，回报也比较稳定。如果自己要做，就一定要多方调查了解和研究，做足功课。

购房误区之六：买房可以一次性到位。

有的人为了购房一次性到位花费了很大成本，到后来才发现自己是欠考虑的。现代社会是一个多元化的社会，经济在发展，各种新的东西层出

不穷。很多东西都在变化，也许今天的想法是这样，但过几年个人的家庭、工作、职业、经济收入等都可能会发生变化，到那时计划和想法又会不一样。如果经济条件好了，就肯定会不满足现有住房状况，就要改善居住条件；如果经济条件不好，而房子却升值了，为什么不可以卖掉房子，换小一点的住房，余下的现金用来发展个人事业？

购房误区之七：租房不如买房。

这个问题又是一个很多普通人的观念问题。一直以来也有很多人在争执不已，打了很多口水战。如果是买了一个泡沫资产，那么买房就是一种很大的损失。

现在来算一笔账：以月供 5000 元的房子为例，租金最多是 2500 至 3000 元左右。而买房子首付加上装修和家具电器用品，至少前期也要拿出一二十万元甚至几十万元，还要还月供（一年也要好几万元）。但如果先租房住一年两年，最多也就几万元租金，把这几十万元去做一些投资，赚回来的钱一定会比支付的租金多。

规避可能遇到的置业误区，这样才能保证购房置业的安全性，毕竟一旦出问题的话代价就太大了。要是没有什么经验的话，在购房时一定要多咨询相关置业专家，争取少留隐患。

如何规避购房时的陷阱

买房子既是大事，也是一个复杂的过程，其中存在各种各样的风险和陷阱，因为涉及的资金数额很大，所以一定要加倍谨慎。

一拨又一拨的购房热，使有的买家往往失去理智，不自觉地钻进了不法房地产商和房屋中介公司设置的各种陷阱，从而让购房人吃亏上当的事屡屡发生。因此，很多专业人士提醒：购房人在买房时一定要加倍警惕。

理财案例

姓名：王航

年龄：33 岁

职业：长途货物押运员

月薪：6000 元

6 月 20 日，大雨。

我是一名长途货物押运员，因为总是担心房子涨价，还想在年前结婚，所以就拿出所有积蓄，急匆匆购买了一套二手房。

当时我买房可谓神速：第一天相中房子并交定金，第二天签购房合同并全额支付房款。中介发布的广告称该房 86 平方米、33.8 万元。当天看房后，经讨价还价，我接受了中介共计 32.5 万元的要价，其中 31.5 万元为房主要价，1 万元为中介费和各项

税费，当即支付 6000 元定金。

　　然而，我却因此落入中介谋取巨额差价的圈套！在与中介签订购房合同时，我惊异地发现，房产证上的面积仅有 72.8 平方米，比中介所说的足足少了 13.2 平方米。我因为急于买房，当时并没有过多跟对方理论。

　　我领取房产证时从原房主那里了解到的秘密，让我惊呆了。原房主说，她只收到中介的 28 万元房款。中介没有按《中华人民共和国合同法》规定，向我提供卖主的真实信息，从而赚取了 3.5 万元的巨额差价。

　　看来，中介提供的有些是虚假信息，谎称房主要价 31.5 万元，并要求我额外支付 1 万元作为中介费和税费、过户费。我的损失实在是太大了！竟然被中介多收了 3.5 万元，我十分气愤！

专家建议

　　中介公司隐瞒卖方的委托售价，故意谎报房价从而获取差价的行为构成欺诈。王航可与中介公司协商返还房款差价 3.5 万元，协商不成，可向人民法院提起诉讼，请求撤销或者变更购房合同，请求撤销的，可同时要求中介方赔偿损失；请求变更的，可要求中介方返还房款差价。

　　《中华人民共和国合同法》第 54 条规定："下列合同，当事人一方有权请求人民法院或者仲裁机构变更或者撤销：（一）因重大误解订立的；（二）在订立合同时显失公平的。一方以欺诈、胁迫的手段或者乘人之危，使对方在违背真实意思的情况下订立的合同，受损害方有权请求人民法院或者仲裁机构变更或者撤销。"第 58 条规定："合同无效或者被撤销后，因该合同取得的财产，应当予以返还；不能返还或者没有必要返还的，应当折价补偿。有过错的一方应当赔偿对方因此所受到的损失，双方都有过错的，应当各自承担相应的责任。"

出现这种情况的不止王航一人，其实不少人选择中介公司买房存在误区。一些人认为通过中介公司买房，仅是为了省去自己过户繁杂的手续，其实一家正规的中介公司不仅要做到这些，还能帮助购房者避免不少购房陷阱。

一个正规的中介公司需要具备的条件是：中介公司一定是通过市住建委备案获得备案证的；中介公司要有营业执照；正规的中介公司要有独立的财务，其实这也是购房者最容易忽视的问题。

签订正规的房屋买卖合同不仅能保障合同的有效性，使自己被法律保护，还能在产生纠纷时保障自己的合法权益，是确定当事人权利义务的重要依据。所以，购房者在签订购房合同（协议）时应注意以下几点。

一是买卖双方姓名及身份证号必不可少，而且交易房屋不管有几个共有人，都应在合同上签名，即使其中有人无法签字，代签人也应该拿出被代签人经过公证的授权委托书。

二是交易房屋的地址、面积、房产证编号及交易金额均要写明，付款方式、付款期限也必不可少。

三是要列明交房时间、交房方式。

四是要写明违约责任及合同生效时间。

五是购买二手房还要注意房间内的附属物、附属设施，这些也可写入合同（协议）或在补充合同（协议）列明。

为你支招

买房，许多人要花掉毕生的积蓄，所以小心又小心，却还是难逃开发商和房屋中介公司设置的种种陷阱。购房究竟有哪些陷阱，又怎么规避呢？

第一，规避广告陷阱

开发商一般做广告时，会写得天花乱坠，尤其是一些精装修楼盘的广告，会将建材等列详细清单。但实际上，有的会夸大其词，有的建材则换

了型号、换了品牌。

购房者在购房时，要理性看待房地产广告，它只是一种参考资料，不要盲信盲从。应到实地进行察看，同时要保留广告单、楼花等宣传资料，日后开发商若不兑现，这些资料可作为追究其法律责任的有力凭证。

第二，规避排号陷阱

开发商为了验证自己的房子有多少人关注，也是为了更"合理"地定高价，往往会排号。

购房者要选择一套中意的房子，实在不容易，等到开盘时中意的户型可能早就没了，所以买房前先交排号费已经成了楼市的普遍现象。究其实质来看，一些开发商收取排号费不过是在变相集资。而排号费和定金不同，对开发商没有任何约束，只是购房者对开发商作出的单方购买承诺。至于消费者是否能买到合意的房子，开发商是不需要负责任的。

第三，规避认购陷阱

有的开发商的房子一打地基，就开始发售 VIP 卡，不公开预售商品房。由于内部认购的商品房价格相对较低，从而吸引了许多购房者。但往往内部认购的商品房是在开发商未取得《商品房预售许可证》的情况下销售的，其不受法律保护，购房者的权益无法得到保障。

最好不要购买这类商品房。想买低价房的蓝领，应选择信誉好、实力雄厚、品牌信誉度好的楼盘。

第四，规避按揭陷阱

一些开发商纷纷推出新的卖房措施：零按揭、一成按揭，等等。

国家明文规定按揭比例最高不得超过 80%（目前北京的规定是不得超过 30%），这就意味着按揭款必须是两成以上，方能从银行申请到抵押贷款。零按揭、一成按揭不过是开发商将合同上的房价提高，虚报给银行。

这种行为不仅损害了银行的利益，对购房的消费者来说也是有害无益的。虽然暂时少付了房款，但合同金额的增高意味着要承担更高的房屋契税、维修基金、保险费等与房屋总价直接有关的费用，让购房者增加费用得不偿失。

第五，规避合同陷阱

购房合同上有一些空白的地方需签订补充条款，开发商往往在空白处做手脚，让购房者上当。

购房者签订购房合同时，一定要耐心看完全文，遇到空白处应填上对自己权益有利的内容。如不需填写，则画上横线。

第六，规避配套陷阱

购房者购房时，开发商对生活配套设施往往承诺得完美无缺，但购房者真正领取钥匙准备入住时，才会发现许多的承诺并不到位。

购房者应冷静分析各种配套设施存在的可能性和合理性，不为表面现象所迷惑。如开发商提供免费交通车，能长期免费吗？这应在考虑之内。

第七，规避证照陷阱

蓝领购房时，开发商一般会承诺在三个月之内办理好房产证，但有时好几年房产证依然没办下来。

购房时，需看开发商是否"五证"齐全。"五证"即《国有土地使用权证》、《建设用地规划许可证》、《建设工程规划许可证》、《建设工程开工许可证》、《商品房预（销）售许可证》。若不齐全，购房者购买后则可能拿不到房产证，商品房质量也得不到保障。

第八，规避特价陷阱

当开发商资金出现问题，或者房子本身就有问题时，开发商会在平时尤其节假日推出一些特价房。对此，蓝领要特别注意，特价房有时是开发

商的营销手段，比如将一些楼层位置不好、朝向不佳的房屋处理成特价房，价钱虽然便宜了一些，但相应也伴随着居住上的欠缺。总之，天下没有免费的午餐。购房人在每个环节都要保持头脑清醒。要通过各种渠道来获得房屋信息，购房时一定要看仔细、权衡好性价比，不要被抢购的气氛和诱人的价格所吸引。

第九，规避技术陷阱

如今，一些开发商会宣称在楼盘中采用了地暖、节能、保暖窗户等技术。因此，房价要高出周边房子很多。

楼盘新科技虽好，但也要实用。许多国外的技术虽然先进，可并不一定在国内现有的条件下适于使用。有的开发商就为了给自己的项目玩一些噱头、以吸引追逐时尚的前卫人士的关注，不惜违背现实做一些华而不实的设计，结果是在抬高了房价的同时，让买房者落得空欢喜一场，搞不好还弄得一身麻烦。因此，买房前可要好好打听清楚，甭管"科技含量"如何，不好用就不能买。

第十，规避销售陷阱

形形色色的楼盘宣传，让人眼花缭乱。售楼员的骗术主要在语言艺术上，他们完美的语言技巧和沟通能力让购房者心动，可是其中不免言过其实。现在，看看售楼员的什么话要引起注意。

一是售楼员最爱用含糊的词。相信有过购房经历的人都会有这样的体会；售楼员最爱用"大概"、"应该"等这样一些含糊的词。其实用到这些词的地方大多就是"购房陷阱"所在。当购房者遇到售楼员给出含糊解答时，自己要多动脑子思考，用发展的眼光观察、亲身验证一下真实性。这样才能降低购房风险。

二是售楼员做承诺。对售楼员所做的任何承诺都要注意落实到合同中，口头的承诺等于没有承诺。买期房最容易出现入住后临时水和临时电的情况，这时购房者才想起当时售楼员承诺三个月内都换成正式的水和电根本没有兑现，因此，只有落在合同上，才能获得法律保护。

三是攻击同行。大多数售楼员都会在讲解自己项目的同时，带上周边同类项目的缺点，老练的售楼员会在说话方式和语言技巧上做到不露痕迹，但实质上他们就是为了通过贬低别人从而抬高自己。其实这对购房者非常有利，只要把周边的楼盘都遛上一遍，那这些楼盘各自的优缺点就了如指掌了。

四是无中生有。一般购房者在基本看中一套房子后，售楼员都会编造出各种情况，来催促购房者交定金。有的会说"前两天有人也看了这套房子，说这两天就来交定金了。"还有会以"优惠到今天就截止了，明天再定就多花钱了"为理由。像这类的"花样"其实大多是编造出来的，但有时也确有其事，真假很难区分。购房者此时应该谨慎行事，不要被售楼员所讲的特殊情况所干扰，要反复确定好自己是否真的要买这套房子，做到三思而后行。

五是立场转移。此招其实最难分辨真假，有些售楼员在卖房子的同时是真正为消费者着想，处处为客户的利益考虑。而有些售楼员则是为了拿提成，故意装作很关心购房者的样子，想办法为客户找优惠。其实，很多房子的优惠都是公司提前就规定好了的，所有优惠都是由售楼员自行掌握。所以分辨出哪些是真心为购房者考虑，从购房者的立场出发的售楼员，哪些是虚情假意，装模作样的，才不会在买房时受到蒙骗。当然要分清这些，一个理智的头脑是不可缺少的。

目前商品房市场主要以期房销售为主，不少人也乐于选择这种购房方式，但是期房毕竟不能像现房一样可以实地考察，眼见为实。因此，购房者在看期房模型之前要对建筑指标有一些基本的了解，有了这些知识，才会从模型间距中确认楼间距，从小区占地、总建筑面积的比例中确认楼房的容积率。

个别开发商为体现大社区的规划设施，欺骗购房者，在开发地周边布置起二期开发区、三期开发区、学校、超市、医院、公园等，随心所欲，缺乏政府规划依据，购房者容易上当受骗。

综合上述骗术，购房者要见招拆招，理智战胜一切，别被完美的沙盘"忽悠"了。

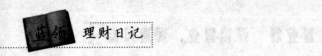

购买保值房子的技巧

买房选房，常常会有困惑，什么房子最能保值，什么房子其价值涨得最快。毫无疑问，地段、品牌、学区、景观是影响房产价值的重要因素，但是还需要一些技巧。

买房子保值是基于现在每年房价上涨而言。能保值的或者地段好的房子在你长时间考虑不下决心购买时便会被别人买走，你没有仔细考虑的机会了，当然更没法谈价钱。因此，需要在掌握购房技巧的前提下再行动！

理财案例

姓名：李林

年龄：38岁

职业：做生意

家庭收入：8000元

6月18日，大风。

作为一个蓝领，我靠着和老婆每月合计8000元的收入都买了房，而那些收入过万的人为什么还叫苦连连说买不起房？依我看来，就因为他们在观望而坐失良机！决定买就马上买，要买就要买保值的房子，这就要看你的理财能力了。

高智商高学历不能创造价值显然没什么用，关键还是靠理财能力。有一些人成天坐在家里唉声叹气，望楼兴叹，却从来不行动去看看中介的挂盘，去和卖家谈判，这样的结果就是永远买不了房。

我当初跟老婆说要买房的时候，老婆二话没说就把我们这些年所有的钱理了一下，凑了15万元。然后再计算，我们每个月能还贷多少。像我们俩每月加起来8000元，还款一半肯定没有问题吧，于是就着手看房。

结婚后宝宝的出生使我们觉得房子太小，老人要来帮我们带孩子，我们于2008年把之前买的那套小点的房子卖了，卖房的同时也在不断看房子。之后看中了附近一套近100平方米的。正好赶上房东急于出手，我们就以低于市场价每平方1800的价格买了。反正我们对房子的要求也不是很高，能居住、交通方便就行。

这样一卖一买，我们现在的每月还款近4 000元。贷了20年，到今年已经还了一半，还提前还了一部分。

也许有人会说，那是什么地段？怎么会有那个价格？也许你不相信，那是因为你根本不跑市场，永远听信别人在说房子涨价，自感贷款压力大，不想承受这个压力，这就永远买不起房子。

我在这里说说我当时是怎样买房的吧！

买房子和买股票一样，如何能买到最便宜的房子，讲究的是购房时机和所选择的物业。以下的一些做法，是我的一些经验，但有一个前提，就是由于要选最便宜的房子，所以所选的房子不会十全十美。

一是买房首付款的积累，这是购房的关键。首先初定一个目标，比如毕业后五年内支付一个首付款，那么就为了实现这个目标，合理地分配一下收入。每月固定地留一部分资金出来，制订一个定期定额存款的计划。因为如果开通了定期定额的强制储

蓄计划，那么每个月必须得固定提出一笔资金，从而意味着可用资金必定减少，那么消费一定可以更加理性。点点滴滴的积累就是一笔财富。此外，建议也可先向父母借首付款，日后陆续归还，缩短积累时间和降低潜在的涨价成本。

二是学习一些地产基础知识是购房的必需。房屋因为涉及的金额巨大，购买它是一个比较专业的行为。而在一些发达国家，有着成熟和专业的房屋经纪人可以为个人购房者提供专业的咨询和服务，法律法规和操作程序也比较规范，个人买房已经有了一套比较成熟的模式，过程也比较轻松。但是，目前国内的房地产市场还没有培养出这种专业的针对个人购房者的房屋经纪人。因此，买房前学习一些房地产基础知识是必需的。

三是量力而行，选择适合自己的楼盘。面积小、首付少、总价低的楼盘适合年轻人。建议可购买市中心的二手小房子或是新开盘的小户型。二手小房子的优势是交通便利、配套方面成熟、价格相对优惠；此外，由于年轻人的工作流动性还相当大，所以考虑一个交通合适的地方，即使工作变换而搬迁，出行还依旧方便。新开盘的小户型的优势是户型更合理、居住舒适性较高、未来投资回报率相对较高。

四是购房前还应考虑出行的时间成本。现在谁都知道，穿越城市的时间成本和交通成本正变得越来越昂贵。如果每天花费两小时在交通上，那么一个月就是两天半，一年就是30天，50年可就是4年了！如果把这每天花掉的时间集中起来，则能创造更多的效益，而50年的时间成本的价值就显得惊人了。

提醒要买房的蓝领，把握5公里生活圈，是衡量购房效益和购房质量的一个有效参数，支出的成本越小，表明所购房屋的性价比越高。这样一来，买房后额外付出的钱也会减少。

除此之外，还要看周围配套是否完善，包括商业超市布局如何，教育设施如何，文化健身娱乐设施如何，小区规模如何，等等。

五是计算好购房成本。在确定了买房的目标和范围之后，一些购房的基本费用是一定要提前计算的。虽然这些费用表面看起来似乎不多，还有些是固定值，但是与以后的房屋总价结合起来计算的话，它们的费用还是一笔不小的支出。如契税、登记费、手续费，以及贷款费用，等等。以上只是通常所需交纳的购房费用，而买不同的房需要交纳的费用是因人而异的。

六是看房屋产权和房屋使用情况。除了要察看房产证产权人与卖方身份证相同以外，特别要小心，了解和掌握房屋是否属于共有产权的情况，还要看看房屋用途是居住，还是办公，是否被人用来抵押，是否被依法查封，还要看看所购的房了建筑面积大小。

七是白天看房晚上也要看。白天看房可以了解日照是否充足，采光的时间长短；傍晚可判断房子有无噪音，夕照情况如何。

八是看了格局还要看细节。看房子格局，要把握房间各种功能区如何安排是否合理以及私密性如何，但是不要错过细节，如墙角是否裂缝，窗沿收边工序做得如何，天花板是否有水渍，漆色是否均匀，吊顶四角油漆有没有脱落等，有没有发霉和漏水或渗水，水电燃气设施是否完好，水管周围有没有水垢，是否有漏水，露台、走廊是否别人擅自占用，等等。

要考量所购的房屋小区物业管理水平，有没有定时巡逻，安全防范措施是否周到，特别注意有没有小商小贩干扰，居住周围是否清洁，小吃店、夜排档是否干扰居民生活，居住周围有没有光辐射源，还要注意看看房子附近有没有垃圾回收点，有没有

污水严重现象，等等。

看电梯很重要，它的功能如何，速度、稳定性如何，还要看看楼梯和通道，自己亲自上下走一趟，有没有其他住户堆积物，消防安全做得如何，通道是否畅通，等等。

九是购房前进行多方面的咨询和了解。购房时，要到市场多询问专业人士，不要忽视专家朋友的意见，了解房价，特别是了解那些低于市场价的真正原因，还要到小区的物业管理员那里沟通，了解小区居住人员构成和特点及其爱好等基本情况。

十是找准开盘前的认购期。在经过一段时间的看楼比较后，圈定一个希望购买的楼盘，然后就要抓准价格便宜的时机。

经验买家们都说，一般一个新项目的首期产品推出之前的认购时期、项目逢年过节的促销，便是一个比较好的入市时间，这个时候最容易买到便宜的房子。

有些项目规模巨大，所以首期产品的定价不会很高，特别是首期产品中的第一批新品上市，价格最为实惠。

专家建议

在事业上打拼多年，在结婚生子之后，原有住房逐渐无法满足居住要求，因此，一部分小有积蓄的蓝领像李林这样的人，自然成为购房群体中的一员。而进驻一个新环境，也在一定程度上拓展了人际交往范围。

从李林购房的过程来看，他的观点基本上是可取的。买房是一个需要理性和有规划的消费行为，要根据自己的收入、支出等实际情况来确定适合自己的楼盘。不要一买房就想做到一步到位，而要从自己的实际情况出发，好好规划一下，其实能满足基本的居住需求就好，避免出现不必要的额外负担，而培养有梯度的消费观很重要。另外，老李通过一卖一买，将还款时间大大提前，这种操作是值得肯定的。

作为低收入的蓝领，李林的故事值得借鉴。

为你支招

在房地产新政影响下，购买什么区域、什么户型、什么物业形态的房产才具保值性？近期，房地产相对处于不景气状态，商家之口有所松动，并且推出了一轮又一轮力度较大的促销优惠。对于有自住需求的人而言，可以考虑在近期开始找房。

无论是买房投资还是自住都想买到一套保值的住房。那么怎样的房子才能够保值呢？这里给蓝领提供些参考意见。

第一，中心区域房子易升值

最保值的楼盘还是在城区中心。由于城市是以一个中心为基础，向外延伸的。市中心拥有着整个城市最丰富的资源、最便捷的交通和最完备的配套设施。所以城市市中心的房价，是这个城市最贵的房价。每次房价动荡的时候，房价最坚挺的是市中心的房子，因为需求支撑着整个市中心的房价。

第二，学区房抗跌保值

通常来说，学区房就是进入名校的通行证。"孟母三迁"的故事几乎人人皆知，在独生子女时代的当下，学区房完全感受不到楼市充满寒意的冬天。

正因为学区房有着天然抗跌的优势，位于一名校附近的新楼盘由于开盘价高，即使整体房价下调，也仍然坚持不做任何促销。"无论在国内哪个城市，学区房都是楼市中抗跌保值的典范。"一位业内人士说，周围教育配套越好，楼盘抗跌性也就越强。

第三，新区房升值空间大

城市的新区是城市扩大化的产物，在新区买房的人通常考虑的是以后

的前景。市中心的房价太贵，去未来的"市中心"购房不是更好吗？购房者还可以关注一下房价不高的区域，房价低也能成为抗跌的因素。

第四，性价比高的楼盘价格稳定

随着城市人口的急剧增加，城市向外辐射大势所趋。入住近市区的房屋，既能享受到高品质社区生活，又不误在城区做工作。良好的社区环境，高性价比楼盘在市场中价值更为稳定。

第五，小户型容易抛售

一些房地产调查机构的相关人士认为，近几年，中小户型一直受市场青睐。加上"80后"、"90后"不断走向社会，这一群体将成为楼市消费的主力军。"80后"、"90后"因工作时间不长，手中积蓄有限，而他们又渴望拥有自己的家。在这样背景下，中小户型因资金门槛低，加上容易抛售，相对拥有保值性能。

第六，升值不升值还得自己掂量

购房者要有自己的判断能力，开发商的信誓旦旦可以参考一下，相信不相信还得购房者自己掂量，作出相应判断。

第七，购买期房应考虑的因素

一是看开发商，了解其是否合法。购买期房存在两方面风险：第一是楼盘烂尾，也就是工程进行到一定程度因某种原因停建了；第二是房屋竣工后，房屋设施、质量、配套与约定不一致。如一次性交齐房款，那么买方承担的风险很大，分期付款或公积金、按揭贷款，承担的资金风险就会小一点。为了规避风险，最好的办法是找信誉好、资金雄厚的开发商买房子。

具体的考察方法是：看对方有没有《国有土地使用证》、《建设规划许可证》、《商品房销售许可证》、《建设工程开工许可证》等相关证件；看自己所购的房子与《销售许可证》上的项目是否一致，如不一致则要查清后再决定；看代理商与开发商有无委托销售协议，因为很多商品房的开发是由某一个开发商进行，而销售则由另一家代理商负责的。

二是看楼书，了解楼盘是否是自己想要的。人们所说的"楼书"，实际上是开发商为推销房屋，自己精心制作的一种印有房屋图形和文字说明的广告性宣传材料，需要明确的是："楼书"上的东西属于一种要约邀请，如果在签合同时没有确认，打起官司来也会很麻烦。"楼书"一般包括以下几个方面：外观图、小区整体布局图、地理位置、楼宇简介、房屋平面图、房屋主体结构、出售价格及附加条件（如代办按揭）、配套设施、物业管理。

三是看图纸，了解承诺与实际是否一致。通过看图纸，可以了解到房子的很多具体情况，如建筑规模、楼层数、房型结构、平面布置及建房时选用的主要材料、主要部位（结点）的工艺设计及要求达到的水准。如果发现楼书承诺内容有与设计内容不一致的地方时，应向专业人员请教，并与销售商进行探讨，可以避免将来因双方理解程度的偏差造成房屋外观、布局、质量、设施等的纠纷。

四是看地段，了解出行是否便利。无论在何处购房，交通都是必须要考虑的因素。有车族考虑的是出行方便，它包括小区位置是否邻近城市交通主干道、道路通行能力、路面路况、高峰堵车状况、小区内私家车停车条件、收费标准，等等。

无车族考虑出行是否方便时，可以就以下几个问题进行考察：公交车到小区吗？公交车运行的起止时间、间隔时间是怎样的？路途堵车吗？从住宅到公交车站的距离是多少？夫妻上下班，孩子上学有没有直达车，转车方便吗？"打的"乘车方便吗？小区到市区有没有直达公交车？一旦发生应急情况，出行方便吗？能应急吗？

五是看配套，了解居住是否方便。一般来说，居住区社区规模越大，居住者就越会感到居住的环境更加舒适、生活更加方便。比如购物、子女就学、医疗、娱乐设施及物业管理等方面，只有社区达到一定规模，这些条件才会同时具备。

防范购房按揭贷款风险

购房按揭贷款不能超过实际偿还能力。曾说消费信贷需要有"寅吃卯粮"的勇气，但透支金额必须控制在有效偿付能力之内。

购房按揭贷款自开办以来，已具规模。在实际运作中其风险仍无处不在，尤其是在"安全性"上存在着政策、市场、银行、抵押物等的风险。要实现购房贷款的可持续发展，必须进行风险防范。

理财案例

姓名：苏浩

年龄：38 岁

职业：仓库管理员

月薪：4000 元

6 月 22 日，晴。

我最近打算投资一套 60 平方米的小房子，单价每平方米 5800 元，总价在 34.8 万元。在交定金和签订认购书之前我了解到：开发商让我交首付款后，只给一张收据，开发商说先到银行申请按揭，等批了再回售楼处签购房合同。

我没有办理这些手续，而是去咨询了另外一家楼盘的情况。这家的售楼员告诉我，一般情况这家是先付 2 万元定金，一个星期后签合同交首付款，然后，拿着合同复印件和首付款发票去银行办理按揭。

先办按揭后签合同，这样的程序银行认可吗？带着这样的疑问，我又找到了一位从事地产业的朋友小刘。小刘告诉我说："其实只要开发商信用好就没有大问题。现在有的开发商就是先交定金并签了认购书后，交齐资料去银行办理按揭，然后再签合同网上备案，最后等着银行放款。办按揭只是说先查询信用系统、购房证明、收入证明等手续，真正办理完是在签完合同之后。否则如果你无法贷款，签了合同就得违约了。"

原来，现在银行对资料审查都比较严格，一旦有偏差很可能贷不到款。

正在我这样考虑的时候，我得到一个新的信息，说有一个业主周先生要出售一套小户型商品房。我想，反正还没办什么手续，就先看看周先生的房子吧。

见了周先生，通过了解，又看了他的房子，我决定购买。但据周先生说，他的房屋在中国银行有15万元的按揭贷款没有还清。于是，我和周先生就房屋价格及物业等方面已经达成一致。但是，最后由于付款方式问题产生了分歧。

我主要是担心自己在替周先生还清贷款以后，周先生不配合过户或者出现其他导致无法过户的情形，以致使自己的财产产生损失。

这按揭贷款的麻烦还真不少，看来我真的需要找个专业人士来认真地咨询一下了！

专家建议

建议苏浩不管怎样买房，都需要关注几个特别的问题：一是签订《认

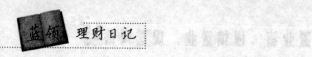

购书》，要约定清楚在什么条件下可以退定金，例如贷款审批未能通过时可否退定金等。二是必要时可提前看看《商品房买卖合同》及《补充合同》条款，对合同中不同意的条款及时提出，防止日后签订合同时处于被动状态。三是开发商的特别承诺要写进合同，如赠送花园、广告宣传、样板间宣传、车位配备及出租出售、物业管理费用等优惠措施，以保障日后实现这些权益。

在与周先生房屋交易的具体操作上，建议双方找一家中介公司，为了确定真实的买卖关系，买卖双方和公司先签订三方的买卖合同和过户委托协议，然后双方又与公司签订垫资补充协议，协议内容大致是说买方将购房全款和过户所需费用先存入公司指定账户冻结，由公司出面垫资偿还业主在银行的贷款余额，房本解除抵押后，再进行过户手续。安全过户之后，将在全部房款中扣除替业主归还银行贷款所使用的费用，然后将剩余的房款存入业主名下的账户。这样处理，等于这家公司承担了买卖过程中的交易风险，解决了客户和业主对于付款方式产生的分歧。

在这套流程之中，还有一个必不可少的环节：就是买卖双方要去做委托公证。做公证主要是防止公司在替业主归还银行贷款以后，买卖双方有任意一方不配合办理房屋过户登记手续。

公证内容大致是卖方将提前还款和解抵押乃至办理过户的手续等权利公证到公司工作人员名下，如果卖方在不配合办理房屋交易手续的情况下，公司工作人员有权利去代替业主进行办理；同时买方也是一样，将买方办理房屋交易手续的权利公证到公司工作人员名下，如果买方不配合办理，公司工作人员有权利去代替买方完成此次交易。

商业银行的个人住房贷款客户面临的风险主要有以下几种情况：一是在个人收入水平不变情况下，利率变动增加还款金额导致的利率风险，影响还款能力；二是在利率不变的情况下，经济形势恶化等原因引起个人收入水平下降，影响还款能力；三是利率上升、个人收入下降同时发生，影响还款能力。除以上风险外，个人住房贷款风险中还款能力和利率风险是最为重要的两个概念，这也需要引起注意。

为你支招

向银行贷款圆购房梦已为许多人所熟知，但不少人对如何根据个人及家庭的经济情况，选择适合自己的贷款品种，以降低风险却不甚了解。贷款购房大有学问，要量力而行才能真正提前享受生活。

第一，"量入为出"，为置业减压

所谓"量入为出"就是依据个人收入情况，合理选择贷款额度、年限。还款期限的长短会直接影响到月还款额度，还款期限越长，则每月还款额越低，每月的负担就相对轻一些；反之，还款期限越短，则每月还款额越高，每月负担就相对重一些。

很多人都不知道按揭购房的还款方式其实有两种，一种是等额本息还款（简称等额法），即每月还款额相同，便于安排家庭收支计划；另一种是等额本金还款（简称递减法），每月归还的本金不变，利息逐月递减。两种还款方法各有所长，对于善于投资的家庭，若有投资回报率高于贷款利率的，可考虑选择等额还款法。这可以延长贷款占用时间，借助其他投资渠道赚取利息差。但是，如果家庭生活比较宽裕，且积蓄资金以存入银行或购买债券为主的家庭，则最好选择递减还款法。因为不论选择怎样的贷款期限，贷款利率总要高于存款或债券利率。

第二，按揭购房一定要规避法律风险

购房者普遍有个误解，认为按揭是与开发商发生的法律关系，其实并不是这样。按揭涉及两个法律关系：一是购房者与开发商的商品房买卖合同关系，二是购房者与银行的贷款合同关系。购房者向银行贷款，以贷得的款项向开发商购房，以所购之房设定抵押，作为偿还向银行贷款的担保。实践当中，开发商在销售商品房之前，就要选定合作银行就购房者向银行按揭贷款的额度、期限等达成初步意向，作为今后购房者向银行按揭贷款

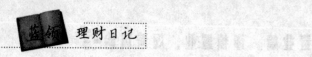

的基础条件。可以说，开发商只是与银行就该楼盘按揭事宜达成了一个原则性的合作意向，在办理具体的按揭事宜过程中，银行并不是必然会批准每一个购房者的按揭申请，购房者的经济实力和信用程度是银行决定是否放款的决定性因素。但是，一旦由于某种因素达不成按揭合同，从法律关系分析并非开发商违约，反倒是购房者违约，因为，付款是购房者的义务，按揭只是购房者的筹资渠道。

所以，如果蓝领对一个楼盘有比较强烈的购买欲望后，在向销售工作人员了解该楼盘的按揭合作银行后，最好亲自去该银行向银行的工作人员详细介绍自己的个人、家庭经济情况，在得到明确的回答后再签订正式的合同，做到有的放矢。

第三，警惕还款能力的陷阱

还款能力是借款人在扣除生活费用和其他开支后，所能创造的充足的现金流的能力以及贷款到期时偿付利息及本金的能力。在商业银行的一般贷款业务中，借款人的责任是在贷款发放后向商业银行按照规定的利率和期限归还本金及利息。所以还款能力不仅仅观察借款人目前的状况，还要观察借款人未来的收入支出情况。因此，还款能力包括流动性和偿付能力两个方面。流动性是指一个家庭或个人满足其短期服务开支的能力。偿付能力是指一个家庭或个人偿付其债务的长期能力。

借款人的还款能力应该通过其收入水平、财务情况和负债情况综合判断。若一个借款人只顾得能尽快还清贷款而没有考虑到自己个人的还款能力的综合判断，终究会让自己背上负债经营生活的担子。

目前，在置业行业存在一定的对购房者的误导，在购房时，有的非专职型置业顾问在介绍房屋选择贷款时候，为购房者考虑的不是很周到，只是针对购房者短期的情况进行推荐贷款，以达到成交的目的。他们在当前的条件下，不考虑任何突发因素，只考虑购房者现有的工资能够保证正常的基本无压的小康生活，所以基本建议缩短贷款期限。

购房还贷方法

选择还款方式，没有最好的，只有最适合的。每个蓝领在选择还款方式时都应从多方面综合考虑之后再作出判断，而这些综合因素的排列组合又是千变万化的，因此选择还贷方案一定要因人而异、因事而异。

随着理财意识的广泛普及，每个人与银行打交道的次数越来越频繁，对于银行知识、业务的了解似乎也有了很大的进步。但总有一些看似很"肯定"的事，却成了"不一定"，这就需要借款人要根据个人和家庭理财计划，合理确定自己的还款方式，才能降低风险并获得最大收益。蓝领购房还贷，尤为如此。

理财案例

姓名：容华

年龄：47 岁

职业：技术员

月薪：6000 元

6月25日，多云转晴。

今天是个星期天。梳理一下这几年来自己购房还贷的经历，对自己是一种收获。

买房，是我从小的梦想。那时，一家三口只有一间坐东朝西的小屋，夏天，火辣辣的太阳把屋子烤得无法进门，每天黄昏时分我必须往墙上洒水，为墙面降温；冬天，寒冷的西北风呼啸着，由于小屋的窗户四处漏风，被西北风吹成了冰窖，窗玻璃上可以看见美丽的冰凌花。

我想住宽敞的房子，有自己的书房，有明亮的客厅，有可以关起门来的杂物间。

幸运的是，我此生能梦想成真！至今，我已有了两次购房经历。回想自己前后11年的两次买房经历，感觉到凡事亲历才会学到知识。

十几年前，我和老公工作稳定，收入逐年上升，女儿已上小学4年级，从小家庭的角度讲，早期白手起家艰苦打拼的阶段已经过去，一切都开始安逸起来。于是，有了10万元积蓄的我们，开始实施置业梦。

当时S市的房价还没有起来，一路看房，享受着很受尊重的待遇。经过选择，我们在靠近地铁的地方买了一套110平方米的房子，每平方米3620元，总价约40万元。这套房子最让我们心仪的是从客厅能看得到水景，每天清晨，太阳透过小阳台的玻璃门照进来，一屋的阳光，让人心旷神怡；放眼望去，水波荡漾，水汽缭绕，令人如梦如幻。很多年后，老公谈到这套房，还为这些年享受的阳光水景而惬意。

我们选择首付三分之一、八年按揭贷款，采用的是等额本金还贷法。因为等额本金还贷的利息支出，会少于等额本息还贷法。在首付之后，房子还在施工，我们耐心等待，到第二年才正式乔迁新居。搬新家的感觉，竟像新婚般令人喜不自禁。毕竟，拥有一套心仪的房子，在里面享受生活很惬意。

　　2003 年，我们第一套房的贷款终于还清了，而此时 S 市的房价开始上涨。第一套房的单价从每平方米 3620 元上涨到每平方米 8000 元，这让一家人觉得家庭资产随着房价增值不少。从 2003 年开始，家庭负债基本为零，我们过起了"无债一身轻"的悠闲生活。所有的工作收入都可以轻松消费，每年两次的旅行也很尽兴，还有余钱做股票、买债券。

　　这段日子，女儿考初中、高中、大学，紧张的学习生活牵动全家人的精力，再加上对已有的居住环境都比较满意，竟没有人想到再购置一套新房产。一家人就这样按部就班地生活着，房价还在悄悄攀升，只是没人在意。

　　时间飞逝，转眼到了 2007 年夏天，一天半夜，女儿突然呕吐腹泻不止。我带她连夜去医院挂急诊，打点滴，直到第二天凌晨才回家。一夜折腾下来，我们筋疲力尽。这时，感觉我们没有电梯的楼房太不方便，爬楼梯好累好累。从医院回家上楼，看到女儿吃力的样子，我很是心疼，再想到自己也已年过半百，以后养老，这套房显然有致命弱点。就在这一刻，我萌发了购入一套电梯房的想法。

　　值得庆幸的是，2005 年至 2007 年的股市大牛行情，让我们的家庭资产增加了几十万元，所以当买房的念头一起，就再也挥之不去，因为"保卫胜利果实"的强烈意愿增强了我们的买房冲动。

　　由于是今后养老之用，我们便以地段换面积，购入复式房，让生活环境更上一层楼。在相继看了十几套房屋后，终于定下了一套 S 市的中环附近、周围商业较繁荣的顶层复式房。此时该地段房价已经升到每平方米 1.3 万元。我们用了股市赢利部分几十万元和出售第一套房子的房款做首付，向银行贷款 30%。考虑到通胀因素，采用等额本息还款方法，每月还款额 3000 元，

还款期 10 年。

当时，对这样的还款计划我们并没有太大的担忧。一是在我和老公退休前，我们的收入水平可以负担；二是当时对股市的前景比较乐观，认为那些投资股票的本金每年赚 10% 的收益不成问题，这样的收益高于银行给我们的优惠利率，等于是用银行的钱做差价。

没料到，乐观情绪下的决策第一年就遭遇了金融危机，2008年股市暴跌，老公提前退休，我一下子感到每个月的还贷额变成了家庭的经济负担。我们家从无债的轻松日子，一下子沦落到为还债心烦意乱的地步。现在，我们决定把股市的资金撤出一部分，进行提前还款，以减少还款期。

我感到自己的第二套房买得太晚了，不仅错过房产升值的大好时机，还因自己离退休越来越近、收入面临大幅缩水而颇感压力。

在实践中，我感觉自己两次的选择都选错了。

第一次，我们夫妇俩年富力强，工作收入节节上升，我们却选择了等额本金还贷，使得一开始压力较大。而事实上，因为每年温和通胀的存在，我们在还款早期的钱更值钱啊！所以要我目前作选择，我会建议年轻的、职业生涯稳定的买房人选择等额本息还贷，可以减轻还款早期压力并更多享受生活；而到后期，随着收入水平的提高，实际的还贷压力也会下降。

第二次，我们选择了等额本息法，但目前来看，这一方法不适合行将退休的中老年人，因为退休后，我们的收入水平会大幅度下降，尽管有儿女同时作为还贷人，但在我们传统意识里，其实并不希望将负债传递下去。还不如集中资金加快还房贷，退休后可以安享轻松生活。

专家建议

容华在买第一套房子时，她的指导思想是买房除了价位的高低，居住的舒适度是很重要的。买第二套房子，是因为家庭生活重心或家庭成员年龄的变化。

还贷压力与家庭的收入水平直接相关，收入越高，还贷压力越轻。家庭收入会变化，面对变化，容华及时调整贷款余额是必要的。容华第一次购房选择了等额本金法，就是每月还相同的本金和越来越少的利息，这样的方法好处是使还款压力越来越轻，且总利息支出较少，但一开始的还款压力会较大；第二次选择了等额本息法，这种方法的好处是每月还款额度相等，便于资金安排，但总利息支出较大。选择等额本息法还是等额本金法因人而异。

为你支招

选择怎样的买房还贷款方式大有讲究。

第一，买房要趁早，更要跟政策

蓝领年轻的时候，如果有了购房的需求，就要趁早出手。

一是购房会成为年轻人人生奋斗的动力。比如，将要结婚的新人需要为婚房考虑；宝宝即将诞生的家庭可能需要换置大房子等，这些都会促进购房者更努力地工作。

二是年轻人处于工作上升期，他们的工资收入会不断上升，开始有些吃力的还款金额，可能几年后就变得轻松不少。而伴随着还款的进行，家庭净资产也在逐步增加。房产成了年轻人多年工作打拼的最好财富积累与体现。而蓝领如果已经决定买房，那一定不要错过政策"红包"。买在政策鼓励期，可以省下很多钱。

第二，房贷还多少需盘算

蓝领要控制每月还房贷额度。每月收入不能全部用来还贷款，起码要留出保障基本生活和应急花销的部分。这样，才能在买房的同时不降低生活质量，也不会造成家庭现金流紧张、还款压力巨大的困境。

另外，在制订还款计划时，不能将不稳定的收入考虑在内，比如股市的收益。虽然投资股市可能看涨，但归还银行贷款是每月定期定额的，一旦股市深跌而还款日来临，会很被动。

第三，选择等额本息法还是等额本金法因人而异

等额本息还贷方式每月按相同金额还贷款本息，月还款中利息逐月递减，本金逐月递增；等额本金还贷方式还款金额递减，月还款中本金保持相同金额，利息逐月递减。这是目前银行的个人住房贷款的主要还款方式。二者的主要区别在于，前者每期还款金额相同，即每月本金加利息总额相同，贷款人还贷压力均衡，但利息负担相对较多；后者又称递减还款法，每月本金相同，利息不同，前期还款压力大，但以后的还款金额逐渐递减，利息总负担较少。

现在知道这两种方式的人们几乎都认为选择等额本金划算，因为选择等额本息多支付了本息，而等额本金则少支付利息，而且认为一旦提前还贷时，会发现等额本息的还款，原来自己前期还的钱绝大部分是利息，而不是本金，由此会觉得吃亏很多。

总体来看，等额本息是会比等额本金多付一些利息。

在实际操作中，等额本息更利于贷款人的掌握，方便贷款人还款。事实上有很多贷款人在进行比较后，还是选择了等额本息还款方式，因为这种方式月还款额固定，便于贷款人记忆，还款压力均衡，实际与等额本金差别不大。因为这些贷款人也同样看到了因为时间使资金的使用价值产生了不同，简单说就是等额本息还款法由于自己占用银行的本金时间长，自然就要多付些利息；等额本金还款法随着本金的递减，自己占用银行的本

金时间短，利息也自然减少，并不存在自己吃亏，而银行赚取更多利息的问题。

实质上，两种贷款方式是一致的，没有优劣之分。只有在需求的不同时，才有不同的选择。因为等额本息还款法还款压力均衡但需多付些利息，所以适合有一定积蓄，但收入可能持平或下降、生活负担日益加重、并且没有打算提前还款的人群。而等额本金还款法，由于贷款人本金归还得快，利息就可以少付，但前期还款额度大，因此适合当前收入较高者，或预计不久将来收入大幅增长、准备提前还款人群，则较为有利。

婚育篇 婚恋育子，巧作规划

在人生的道路上，每个人在恋爱、结婚、育子方面都有美好的心愿：人人都希望和一个情投意合的理想爱人组成一个幸福、美满的小家庭；每对夫妻都期望有一个最可爱的小宝贝，把他培养成一个高质量的人才幼苗，直到他成为栋梁之材。只有制订科学、合理的婚恋育子规划，才能不断提高生活品质和规避风险，才能提高幸福指数。

浪漫与物质支撑

爱情与金钱本是无法分割的。恋爱中有浪漫，有真情。假如浪漫完全没有物质的支撑，那么建立爱巢，将爱情进行到底必然成为一句空话。

爱情是浪漫的，但离开了金钱的这根拐杖，似乎很多人就适应不了。正在恋爱中的情侣们，需要花多少钱，是否也遇到没钱用的窘境呢? 准备结婚的情侣，有没有算过谈恋爱花了多少钱? 其实做什么事都应该量力而行，对吧?

理财案例

姓名：程刚

年龄：28 岁

职业：业务员

月薪：4000 多元

6 月 28 日，多云，风。

我以前不谈恋爱的时候，每个月都可以存下钱来，买一些自己喜欢的东西，但自从谈了女朋友之后，每个月都存不下钱。虽然我一如既往地拼命工作赚钱，可是我还是非常沮丧地发现，我的钱包越来越瘪，我的口袋里已经没有半毛钱。

我找来纸和笔，准备罗列一下我的支出，这些数字在某种程度上就是我的爱情体现。我决定不用电脑，因为想让自己计算得深刻一些。立个题目，就叫"爱情流水账"。

周一：白天上班，没时间见面，她晚上加班，下班迟了，反而来了兴致，说要放松一下，打电话给我，说要我陪她去酒吧玩。我于是急忙打车去接她，再带她去了一个颇具情调的音乐酒吧。喝了点红酒，聊聊情话，最后打车送她回家。来回打车费用及酒吧费用是 100 元。

周二：今天一天无事，本以为可以安稳，可谁知夜里 11 点了，家里电话却响了。是她打来的，她说她睡不着觉，想我了，要和我聊天。可恨家里的无绳电话不知怎么搞坏了，而唯一的电话座机在父母的房间，也不能打扰他们休息。

于是，我只好用手机和她煲电话粥，聊了两个多小时，手机话费花了 50 多元。

周三：今天，她说她单位附近新开了一个特色餐厅，让我带她去吃。于是晚上下班后带她去吃，花了 70 元。

周四：上班时，她就打电话来了，说，今天你带我去哪里吃饭啊？我于是仔细想想，实在想不出什么好地方，但想想又不能没格调，于是到了晚上请她去了西餐厅吃西餐，吃完后，又请她去唱了卡拉 OK，花去了 500 元。

周五：快下班时，她就打电话来，说商场正在打折，要我陪她去逛逛，我答应陪她去。

匆匆忙忙跟着她来到商场，转了一晚上，把我的脚都走麻了，还好，她没发现多少适合自己的衣服，只是买了一些普通的打折衣服和吃了点简单的饭，就花了 300 元。

周六：她说她想去中山陵玩，虽然我正想好好在家歇歇，但还是硬着头皮，买了吃的东西，陪她去玩，花销 150 元。

周日：我们骑车远行，只想在一起去看看那些高高低低的树。我们满眼是绿，回来时有点累，于是走进了那家舒适的冰激凌店，这是我的主意，当然她很爱吃。我带走了享受，留下了140元钱。

总计了一下，我谈了一周恋爱，花了将近1340元。

到了下一周，基本上重复着类似的故事……我已经很疲惫了，钱也在不知不觉中像水一样流走了。我感觉到，爱不能生长在奢侈中。

在一次电话末，她说她"或许早已经不爱了"。我一听还是脱口而出："怎么可能！"后来，我们就结束了。

我不免感叹：这场恋爱，谈得很辛苦！换来的，却是受伤的心，还有那高额的花费。

专家建议

首先，要强调的是，恋爱高消费论是一剂腐蚀剂，对人的危害极大。高消费论使人们忘记了"一粥一饭当思来之不易"的有益古训，丢掉了勤俭持家的优良传统和朴素节约的美德。

其次，盲目追求什么"高级"、"排场"、"面子"，使人好逸恶劳。

再次，过高的恋爱消费只能导致婚后生活的窘迫，以至于伤害了感情。

谈恋爱并不一定结婚，在金钱上划清界限还是有必要的。因此，AA制是不错的选择，经济独立反而不影响感情。

婚育规划

从恋爱到步入婚姻的殿堂，对男女双方来说都是一段幸福的过程。如果有一个男人在结婚前夕对女人细算为了娶她一共花了多少钱，不知道这位新娘还会不会和他牵手走过那浪漫的红地毯？

或许每一对恋人都希望自己的爱情可以浪漫，轰轰烈烈，能在人生中留下美好的记忆，但是无可回避的就是要必须面对金钱。毫不讳言地说，物质基础的坚实，恐怕才能使爱情更有价值。虽然在浪漫的爱情面前，这样说有些大煞风景，但是事实上人们也不得不承认，爱情与金钱是密不可分的。

虽然人们常说爱情需要经营，但是爱情不能靠金钱来挥霍，浪漫也不能单靠物质来表达。身处热恋中的人们应该怎样来降低"恋爱开销"呢？

很多人追捧的礼物其实很多都不实惠也没有新意。情人节礼物不妨自己做，例如把平日里拍的 DV、照片，挑选一些刻成光盘，既能让女友感动又很有纪念价值。

出门多乘公交车，不要动不动就打的，吃饭可以去一些肯德基、大娘水饺等便宜点的地方。约会可以选择去公园、爬山等，花的钱不多，又很有情调。

情人节的时候女生可以自己织个围巾、帽子当做礼物送给男朋友。

情侣如果隔得远，可以通过 QQ、MSN 聊天或者发短信等来减少打长途电话，少煲电话粥。同一城市的情侣们可以去移动公司开通亲情号码，有 500 分钟免费通话时间。

花最少的钱办最好的婚礼

一个人的婚礼，讲述的是他的故事，浪漫的婚礼，并非是金钱的堆砌。用不用婚礼道具也并非婚礼完美的象征。如何花最少的钱办一场体面而又看似上档次的婚宴，其实是蓝领应该追求的目标。

婚礼不一定要多奢侈，讲求体面也不是非要用钱来体现的。真正的理财高手即使是在一生一次的婚礼上，也自始至终地贯彻了自己的理财计划，把每一分钱都花在刀刃上。

理财案例

　　姓名：周倩

　　年龄：28 岁

　　职业：导游

　　月薪：5000 元

6 月 30 日，多云转晴。

我和老公都是北京人，我们在千里之外的桂林相识相爱了，2010 年 5 月 1 日就要结婚了。从定下日子开始，我就想着要节俭办婚礼，不想把太多的钱花在这里。我们不是有钱人，从房子装修到婚礼的钱都是老公辛苦攒下的，我当然要一分钱掰成两半花了。

　　我结婚时正好赶上五一结婚热潮，办理婚庆的各项费用也随之水涨船高，为了对付高额的付出，我想出了不少高招。

　　我觉得，在办婚礼的花销中，婚庆现场布置占据了很大一部分，婚庆公司用来布置现场的用品价格实际并没有多少，且可以反复利用，可出租给新人一次却要上千元。了解到这个情况后，我在网上召集了不少准备结婚的新人，想通过各种方式联系在一起，组织团购来买各种婚庆用品，钱由大家均摊。而且，每对新人使用过后再让给下一对，最后大家都办完婚礼，还可以将这些用品再卖给一些小婚庆公司，至少也能赚回原价的80%。而且一套流程下来，加入团购的新人越多，大家节省的费用就越多。

　　婚庆中的一项"大头钱"就是婚纱。其实，典礼上一两千元租来的婚纱，新娘仅穿着溜达一趟也就用完了。因此我不租用婚纱，而是自己购买婚纱，自己找摄影师拍婚纱照、办典礼，婚礼过后还可以将婚纱再卖给影楼或小婚纱店。这样下来，我只付出了1000多元购买婚纱的费用和几百元照相费，不必花五六千元甚至上万元了。

　　由于办婚宴的人多，而酒店又相对紧张，还有一些新人想出了办夜晚婚礼，这样一来又节省了婚车迎亲的过程，首先省掉了婚车，又可以在酒席和婚庆上节省很多费用。而且由于夜晚婚礼让酒店利用上了原本空闲的空间，酒店自然降低夜晚婚宴的价格。我们当地的一些酒店，夜晚婚宴的价格还不到周末婚宴价格的六成。于是，我在当地一家四星级大酒店办夜晚婚礼，每桌1000元的婚宴，酒店仅收了500多元。我的一个闺蜜也是在去年6月份办的夜晚婚礼，5000元的服务项目她才花了2000元。

　　办婚礼省钱，还有许多方法。比如商量好可以省下高昂的

典礼费用去旅游结婚，回来后再搞答谢宴，等等。

专家建议

周倩的做法值得提倡！

新人现场布置平均花销在数千元甚至上万元，而通过组团购买婚庆用品，每人均摊费用可以减少很多，十分划算。

自购婚纱再出售的方法，其实比租婚纱还要划算。而且还可以穿别人没穿过的新婚纱，如果实在是很喜欢，还可以收藏下来。

在酒店举行夜晚婚礼是巧打时间差，从而省下一大笔开支，而且婚礼质量却并未打折，实在是省钱的好办法。

以答谢宴代替隆重典礼，这种形式也是省钱省事的好办法。

总之，结婚想省钱，就需要新人多多动脑筋，可以想出很多既省钱又能把婚礼办好的办法，唯一的主旨是：婚礼越简单越好。

婚育规划

结婚是人生中的一大喜事儿，整个婚礼过程的准备工作自然少不了，结婚可谓是金钱的集中付出，如果不做好婚礼策划和准备，想必一定会超出预算开支。以下原则和几大妙招让婚礼更加省钱实用。

第一，明确理财需求

举办婚礼也要理财，因此要明确自己的理财目的：利用手中现有的资金，顺利举办完婚礼，费用不超支。

要达到这个目的，就要先审视一下自己的财务状况，详细了解能有多少钱拿出来举办婚礼，以及自己的财务负担。例如，是否有房贷或车贷，等等。明确了财务状况，就要开始针对自己的经济实力作出婚礼预算了。不过，在婚礼的支出中不应重视礼金收入并将其纳入支出备用金。

第二，作结婚支出预算

结婚是人生中，一件幸福的大事，因此婚礼不应该超过自己的经济实力，要做到适可而止，以免给婚后的共同生活增添经济压力。这时，做一个预算表是必不可少的，这样能约束花费，减少不必要的开支。

预算表一定要详尽地列举出各种必要的开支，不过由于购置婚房会花费不菲，因此建议将婚房的支出单独罗列出来，但是装修、购置家电费用等可以列入预算中。

第三，剔除不必要的费用

当所有的支出都已经罗列在预算表中以后，并不意味着这个预算表是完美的，还需要重新再盘算一下，哪些支出没有考虑进去，哪些支出是重复计算的，要坚决将重复的预算从表中剔除。

除了重复的支出外，预算中可有可无的支出，双方可以共同考虑其是否有存在的必要，不是必须支出的话，完全可以把它删除。例如，蜜月旅行，有时可能因为时间的原因去不了，或者国外游去不了，只能改为国内游，那么完全可以节省这部分费用或差额补贴别的支出。这样重新调整一遍预算表后，也能节省不少资金。

需要提醒的是，多数婚礼举办后都会比预算超出约 10% 至 15%，这部分超出的钱也必须要"留一手"，因此在重新审视中，还得将这个因素考虑进去。

第四，货比三家

当各种预算都已计划齐备后，将所需要购买的东西列一个清单，然后货比三家进行购买。

同样的商品在不同的地方可能会有不同的卖价，例如，通过网上商城直销的商品就有可能比在商店买的便宜。曾有报道，通过在专业的网上商城购买的钻戒，同样品牌、同样款式，能节省很多费用。

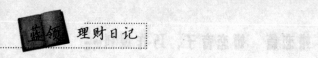

可以关注商场里面做的活动。一般商场做活动的时候，有一部分商品商家会打折销售。还可以参加团购，这样也能降低购物支出。通过货比三家，在预算不变的情况下，又能节省出一部分的资金。

除货比三家外，有些事情其实完全可以自己做或者请朋友帮忙，例如，自己从事的是设计工作的话，完全可以制作个性的请柬；有摄影师朋友的还可以请朋友拍摄婚纱照，费用比照相馆的会便宜不少。

第五，向亲戚朋友借婚车

除了朋友以外，亲戚们也是强大的后援团。别怕太麻烦人，在结婚这件开心事上勇敢地请大家帮忙，也是拉近距离的一次机会！

结婚这天，最风光的不外乎拥有自己的婚车车队。统一颜色、统一品牌、统一型号，整齐排列出车阵，非常强大且吸引人。在品牌车网上俱乐部"车友会"向兄弟们发帖求助是不错的办法。

第六，车头花再利用

向婚庆公司购买车头花，这可是一笔不小的费用。不知道吧，婚车抵达会场后，车头花就可以撤下来，用作签到台桌花，可充分发挥余热！

一般签到台除了鲜花以外，还需要有一些精美桌饰，才能烘托出婚礼的浪漫气氛。所以如果指定的车头花款式能够带有毛绒玩具、蕾丝或者其他鲜花以外的元素，就更能让签到桌增色不少！

第七，分享婚礼蛋糕，分享幸福与浪漫

豪华的婚礼蛋糕虽然赏心悦目，但那几分钟的华美兴许并不值这笔开支。如果新郎握着新娘的手切开婚礼蛋糕，送至亲朋好友的手中，共同分享幸福与浪漫，那将是终生难忘的。

第八，批发式购物

在批发商店购买烟、酒、饮料和其他婚庆小物品可以省下不少钱。人们是否知道网购也分批发零售呢？网上淘宝的时候注意在关键字后加空格加"批发"二字，搜索结果将是另一个天地。

当然，可以将婚礼采购当成一项娱乐活动，花一个月时间逛店买婚纱、另一个月时间逛店订婚纱照、再一个月时间酒店踩点、再一个月时间在家冥想……要是自己都不计算时间和交通这些"隐性成本"，那么就会在不知不觉中失去很多。

要把采购技巧修炼到炉火纯青的程度，有一点是必须知道的——订婚宴送婚纱，订婚宴送摄影，有些商家采用这样的促销手段。怎么在对方提供的配套优惠方案中选出最佳超值组合，这让整个购买过程充满刺激和挑战。最后还可能有百分百大抽奖，所以怎样安排最划算当然是必修课。

经过这番精打细算后，婚礼就可以花最少的钱办最好的事了！

新婚家庭理财要早作规划

　　结婚，既是两个独立生命体的结合，又是两种独立理财记录的合并，两个人既要为相伴一生努力奋斗，又要为幸福理财运筹帷幄。如何才能心注一处使，钱注一处花，让家庭财富得到快速积累，都是新人们新婚理财的必修课。

　　家庭理财就是把家庭的收入和支出进行合理的计划、安排和使用，合理消费、保值增值、不断提高生活品质和规避风险，保障家庭经济生活的安全和稳定，提高幸福指数。

理财案例

　　　　姓名：廖华

　　　　年龄：30 岁

　　　　职业：电工

　　　　月薪：6000 元

7 月 8 日，晴。

　　我和老公从结婚到现在已经快一年了。这个过程中，老公在省城工作，我在某县级城市做电工，相距车程两个半小时。老公两个星期回来一次。所以我的基本生活状态还是和单身差不多。

老公婚前是比较浪费的，用我的话说，那可是花钱不算计的啊。不过在我的教育下，现在是节约多了，虽然还没有达到我的标准，不过还是慢慢来吧。我们现在住在娘家的一套房子里，我们买的房子还在装修中，预计一个月可以完工，下半年可以入住。要说这个装修房子，可真是一个劳民伤财的工程啊。早知道这么费事，就买二手房了。

2010年，我们的总体目标是把房子装修好，下半年入住。督促老公厉行节约，争取还一半的房贷，再将20年的房贷转成五年的，因为20年的房贷还利息太多了。

2010年，我的目标是好好做好本职工作，积极学习理财知识，让我那点微薄的工资结余投入理财。这一年呢，我理财的主攻方向是基金定投和纸黄金。这两项都是可以小本经营；风险是不大的，比较适合我。股票风险太大，咱就不进去掺和了。

平时生活呢，就继续发挥我的"只买对的，不买贵的"的光荣传统了。同时坚持货比三家不吃亏的思想，还要把我的这个思想深深地印在我老公的脑子里，不过，很有难度，所以我对他的方针是小钱他随便，大的花销一定要向我汇报，并经我同意。他现在进步很大了，同意有些东西在淘宝网上买了，而不坚持一定去专柜了。这可是我磨了好长时间嘴皮子的成果。

这一年老公的目标，就是好好工作，好好赚钱，好好存钱。争取尽快把我调到他那边去，早日结束两地分居的生活，为我们未来的宝宝创造更好的条件。

专家建议

像廖华这样的新婚夫妇，理财的第一步就是学会安全与收益最大化兼顾的理财方式。

一是要根据双方的实际情况，建立合理的家庭理财制度。夫妻双方应及早计划家庭的未来，对诸如养育后代、购买住房、购置家用大件物品等进行周密的考虑。比如，新婚夫妇两人要计划生育下一代的时间，为此做好充分的准备，并为即将出生的孩子预留必要的生活费用开支和学习教育的开支。最好设立一个记账本，了解每个时间段的开支状况，以便让家庭理财方案更合理。

二是在不影响家庭正常生活的情况下，可以做点投资，不过最好不超过自己家庭资产的 1/3。可将 30% 左右的资金购买稳妥、能保值的理财产品。不过，若是要进行长期投资，年轻人的风险承受能力高，可以进行股票、基金、私募股权基金 (PE) 等投资，通胀时期买些实物黄金也是实现资产保值的好方法。

三是婚后"新人"应留出若干紧急备用金，应当是日常月消费金额的 6 至 8 倍左右，以备不时之需。这部分资金可购买货币市场基金，一般货币基金年收益远远高于活期存款利率，通常在 2% ~ 3% 左右，非常适合短期流动资金打理。另外，家庭理财中银行卡的使用必不可少，家庭账户尽量统一在一家银行。其最大好处是便于管理，也可以享受银行的贵宾服务和费用优惠。

四是未雨绸缪，为家庭购买一份保障很有必要，保险在关键时候往往能起到"以小搏大"的作用。对于事业刚刚起步处于上升期、收入不高而保障需求较大的年轻人来说，保险产品是婚后的必要选择，因此两人有必要买一份保险产品。优先选择保费较低、获得保障全面、除外责任少的保险，例如消费型的定期寿险、养老保险，等等。保险虽是一种对家庭负责任的保障措施，但也要根据收入情况，在不影响正常生活的前提下购买。

婚育规划

告别了新婚燕尔的甜蜜，步入正常生活轨道的两口之家，如何处理家庭的经济问题，以迎接小宝宝的到来，是许多年轻蓝领应该考虑的问题。

以下这些建议，对新婚家庭理财具有指导意义。

第一，规划收支

将所有收入规划好，先绘制如何花销的蓝图。一定要记账，主要是为了让自己看清钱财的流向，控制好不必要的开销，做好节流工作。

同时，要努力开发和利用自身资源。有特长最好了，可以开辟生财之道，利用好自己的擅长之处，增加财源。

第二，夫妻设立共同账户

两人共同设立一个账户，每月都从各自的月收入中取出一部分钱存入共同的账户中。这是一个好的开始，两个人的生活会更有计划。家庭有了共同账户，就无所谓谁掌握财权了。应该说，是夫妻二人共同管理家庭财产。另外，坚持记账，无论是对个人理财还是家庭理财都是很有帮助的。

要做到资源共享。如果婚后还在用独身时的银行账户，最好放弃它。设立共同账户，其实这不仅仅关乎感情，还能带来很多实惠，如提高信用等级，等等。另外还可帮助新建家庭提高财务管理水平。

第三，每月储存固定资金

新婚夫妻工作时间短，工资水平不高，积蓄有限，可以选择定期储蓄，或者小额稳健型的投资，例如基金定投；还可以以夫妻一方的固定收入作为储蓄，日常花销均使用另一方的收入，这也是一种有效打理家庭财务的方法。

此外，家庭财权不论由谁掌握都要把握好根本原则，即理财的目的是为了生活质量和水平的不断提高，过分地节俭和奢侈浪费都是不可取的，合理筹划，眼光要长远，毕竟一个家庭要过日子，路还很长。

第四，尽可能地进行多元投资

尽管时下的投资渠道很多，但相当多的家庭还是把钱存入银行生息或买债券，以求收益的稳定。然而，理财专家则认为，投资应当多元化，并适当承担投资风险，如买些基金、股票，等等。因为在以后的生活中，每个人都面临孩子上学、买房、养老等大额支出，考虑到物价的不稳定性，通货膨胀是在所难免的，今天储存的 1 万元钱，到 10 年后可能只相当于今天的几千元钱，不承担投资价值波动的风险，就要承担通货膨胀、资产贬值的风险。

如果有剩下的相对较闲的钱，拿去做些风险高但收益高的投资，趁着年轻承受力强、身体好，做些大胆的尝试增加收入。比如将每月收入挤出一些钱做基金定投，坚持做足几十年，既可当做子女未来的婚娶嫁妆钱，也可当做自己以后的养老金或其他用途的费用。总之手里有钱心里踏实。

此外，还应该为新居买家财险。没有人愿意看到装修一新的婚房，在一场暴雨中墙壁渗水，也不愿意看到因水管爆裂"水漫金山"。万一发生了这样的事情，家庭财产保险可以帮助新婚夫妇将经济损失降到最低。

家庭财产保险主要承担家庭财产因自然灾害和意外事故所造成的损失。由于婚房是新装修的，家具、电器也是全新的，因此投保家财险十分必要。首先，可投保家庭财产综合保险，给房屋、装修以全面保障。其次，可投保家用电器安全保险。再次，家庭财产盗抢损失险，现金、金银珠宝盗抢损失险等也应在考虑范围之内。

生宝宝的费用巧作安排

分娩时所产生的费用依照产妇选择的分娩方式不同而不同。不管选择什么医院、何种分娩方式，准爸爸准妈妈们在大体了解了生产的费用以后，就可以事先有所准备，不至于临到生产时乱了方寸，慌了手脚。

当准妈妈入院待产，准备升级为一位光荣的母亲时，这中间要经历太多太多的事，除了期盼、等待、煎熬、喜悦，除了亲人好友的关心慰问、精神支持，还有一件相当重要的事，那就是一笔为数不小的生产费用需要支付。安排好生宝宝的费用，是一件必须解决好的大事。希望每一位蓝领准妈妈都能带着平稳的情绪安心进入产房，顺利生产，迎来自己期盼已久的健康宝宝。

理财案例

姓名：何慧

年龄：31 岁

职业：清洁工

月薪：3500 元

8 月 20 日，微风。

现在都流行说"孩儿奴"，通俗点说就是孩子还没出生，就

开始要这个费那个费的，养个小孩子经济上、精神上压力都很大，所以搞得很多人都不敢要孩子。我身边有的同学、朋友，三十五六岁又结婚好多年了，也不生孩子，说担心生出来没有好的经济条件培养，不如暂时不生等过几年再生。可是想想，女性到35岁就算高龄了，高龄产妇有很多麻烦的。

不过想想自己，当初生孩子也30岁了，结婚3年后才怀孕生产，也是想经济条件更好一些的时候能给孩子丰厚的物质条件。其实后来才发现，生孩子并没有像想象的那么费钱。

我是2008年步入婚姻殿堂的，当时我27岁，先生30岁。按照家里老人的想法，结婚就得赶紧要个孩子了，何况年龄都不小了。可是当时我们收入都不高，夫妻合计还不到8000元，而且房子还没有买，一想到要在出租房里生孩子，就感到心酸。于是一拖再拖。2009年后期，家里的收入好些了，所以生个孩子成了我们的当务之急。说实话，虽然经济基础不是生孩子的必要条件，但是我相信大部分爸爸妈妈都希望在经济基础好点的时候要个小娃娃，不是吗？

2010年春，我们经过半年多的准备，终于顺利怀上了。2011年1月，我的宝宝顺利出生，是个男孩，取乳名叫小涛。

当时在生小涛时，我早就听说现在生孩子，医院都实行绝对"周到"的服务，大到产妇用的脸盆、尿壶，小到宝宝的衣裤、袜子，事无巨细地准备齐全，当然"周到"的服务要用钱来买，价钱比市场上肯定要贵一些，而且款式、质量还无法选择。上有政策下有对策，早在怀孕7个月时，我就动手准备了，列出了生产住院时必备物品的详细清单。

宝宝的物品：两套宝宝穿的小衣裤，两个厚实的抱被，小枕头一个，小棉被一条；纸尿裤、纯棉尿布，多多益善；奶粉、奶瓶，婴儿洗护用品；柔软的纸巾、湿纸巾。

自己的物品：合适的内、外衣，脸盆等洗漱用品，吸水性强的消毒卫生纸（顺产后会大量使用）、成人尿垫，产时准备的巧克力、饼干，产后用的小米、红糖、鸡蛋以及鲫鱼、乌鸡、猪蹄、排骨，等等。不过这些都需要新鲜的，先写上再说，到时候再买。

到了医院后，因为有备而来，我们应对自如，没在买这些物品上多花钱。

因为不少年轻父母都想抱一个众所期盼的"兔"宝宝，想要在人满为患的专业妇产医院生孩子，要不就得找熟人，要不就得睡加床，花钱还不少。我经过详细考察后，决定到离家不远的普通综合医院生宝宝。这个医院也是市级甲等医院，由于妇产科不是主科，在这生孩子的人相对较少，但医生、护士都很专业。

从我一住进医院，就有专门的医生和护士全程护理，检查得很细致，还不时地和我聊天，告诉我生产时应该注意什么，让我感觉安稳不少。我坚持自己生产，这样在医院住的时间就很短，我觉得没必要多花这份钱。我在医生、护士的指导下，四个小时后，顺利生下了小涛。现在回想起来，我觉得自己的选择太明智了。

我了解到，妇产医院产前检查费用要比非专科医院高，而且还有其他的项目，这笔费用累积下来，可以抵得上一个多月的奶粉钱了。我认为，在这几年的生产高峰中，如果准妈妈自身生产条件良好，就没必要去挤大医院。

专家建议

一是识别医院的附加服务。医院提供的服务可不都是常规的，额外的服务需要额外的费用。但是医护人员未必有时间跟待产者解释，所以待产者需要主动询问那是不是可选可不选的附加服务。

二是尽量母乳喂养。母乳喂养好处很多。这是提倡的科学喂养方法，也是很多妈妈的共识。母乳是上天赐给宝宝的最佳食物，哺喂母乳不仅有益宝宝健康，更能让母子关系变得紧密。此外，母乳喂养经济实惠，可以省下大笔奶粉钱。

三是避免无谓浪费。孩子的食品有一部分是被浪费掉的，咬碎的饼干、受潮的海苔、超出保质期的酸奶，等等。所以可以买一些密封罐用来储存一次吃不完的食品，而且不要片面考虑大包装的优惠价格，而忘记了孩子的食用量。也不要提前购买太多婴儿服装。新生儿长速惊人，提前购买的衣服等到孩子能穿的时候，要么是身材合适但季节不对，要么就是季节合适但孩子早就穿不了了。所以不要太超前购买。

四是要巧用成人物品来代替婴幼儿物品。有些实际使用时间并不长或频率并不多的物品，如奶瓶消毒器、婴儿用体温计、婴儿体重秤、婴儿专用湿纸巾等，完全可以使用微波炉、成人体温计、日常体重秤（抱着孩子的重量减去自己的重量）、脱脂棉或纱布等来代替。很多时候，我们太受"婴儿概念"影响，但是孩子作为婴儿的时间并不是很长。

婚育规划

对许多新手父母来说，养育儿女是不小的负担。尤其是目前的家庭基本上只有一个孩子，什么东西都想用最好的，无形中就增加了不少开支。再加上现在物价上涨，更是让父母们苦不堪言。

其实，过日子自有过日子的窍门。只要蓝领善于学习贯通，那么既能让孩子得到周到的照顾，也能省下不少开销。请注意如下这些妙招，对降低育儿成本会大有帮助。

第一，网购、团购

网购是现今非常流行的购物方式，由于少了实体店面的成本支出，网店中的商品价格一般都比实际卖场中要低不少。因此，建议新手父母多利用网络为宝宝添购各类用品，不仅产品本身更便宜，又能省下外出购物的时间和交通费，可谓一举多得！

需要注意的是，网络购物有风险，一定要选择信誉度高的商家，并且通过安全可靠的方式来支付费用。另外，保证计算机安全很重要，不要因为病毒而遗失网上银行的交易密码等资料，那样可能导致重大损失。

团购也是购物便宜的好方法，如果是大规模团购的话，那么价格还有更大的优惠。平时可以集结有相同购物需求的伙伴，或是加入网络上的团购募集行列，通过以量定价的方式来享受最优惠的价格。

第二，乐于接收二手用品

从得知怀孕开始，准父母不妨开始列出新生儿所需用品的清单，主动打听是否有亲友在这几年刚生下宝宝，并询问是不是有可以接收的用品，尤其是婴儿服、婴儿床、玩具之类的消耗品，只要有人乐意赞助，那就高兴地接过来吧。等募集一段时间之后，再检视清单上还有哪些用品需要自行准备。当然，如果朋友预备要送礼，也可以主动告知还缺哪些新生儿用品，这样非但送礼者不用费心，收礼者也更受用。

接收别人的新生儿用品是最方便、最直接的省钱方法，但是请注意，收到这些用品时还是应该稍做检查并适度清洁，毕竟这都是要给宝宝使用的，卫生及安全问题绝对不能忽视。

第三，四处搜集特价信息

新手父母平时应该养成搜集特价信息的习惯，一旦需要购置宝宝用品时，立刻就能找出最优惠的商家。至于一些常备的消耗品，比如尿布、奶粉等，也可以趁商家推出折扣优惠时预先购买。此外，许多怀孕、育儿杂志或网站会不定期推出试用品或赠品的索取活动，新手父母不妨积极参加，也可省下不少开销。

值得提醒的是，即使价格诱人仍不宜贪多，买齐一次所需的数量即可。

第四，自制简易玩具

很多父母都有这样的经验，孩子对玩具的热情总是很短暂的，喜新厌旧更是常有的事，因而导致家中的玩具总是买得多、玩得少。因此，父母不妨自己动手做些简易的玩具，比如将绿豆装在空塑料瓶中做成简单的摇铃，在纸卡上画出不同颜色的形状就是简单的游戏图卡。这样不仅能省下玩具的采购费用，也可以发挥无限创意，让孩子拥有独一无二的专属玩具。

如何筹备孩子读大学的钱

作为一项重大工程，孩子的教育投资规划也不单单只是"攒钱"就可以解决的。父母可以计算一下自己的家庭到底需要积累多少教育金，对孩子的教育投资作出合理规划，找到最适合的投资方式。

中低收入的蓝领，每月的工资收入有限，常常感到不够花。更别说给孩子积攒上大学的钱了。对于这部分蓝领族来说，做好教育投资规划，筹备孩子上大学的钱，无疑是最重要的。理财专家指出，子女教育基金是未来最有可能提高投入的理财产品。教育投资不但能为家庭提供一个优良的理财工具，而且能在投资的同时，为孩子提供相应的保险保障。

理财案例

姓名：苏权

年龄：29 岁

职业：技术员

月薪：3500 元

8 月 28 日，小雨。

我和妻子两人每月的工资共计 6000 元左右，均有单位的社保和公积金，孩子今年才 3 岁，有时由两方父母照顾。现有按揭

住房一套，除公积金还款外还要从工资里拿出 1000 元，每月的生活支出为 2000 元，现有定期存款 4 万元。我认为，要有合适的理财规划，最重要的是要给孩子存够教育金。

在我的家里，孩子在几年后就要上小学，我们夫妻二人年龄的加大，每月的生活支出势必会有不同程度的增加。现在我们缺乏一定的投资项目，家庭成员也缺乏完善的风险保障，使得整体资产的增值力还不够强。

坦率地说，自己还算是一个好学的人。前不久，我参加了一期家庭理财课，真是受益匪浅！在理财专家的指导下，我决定采用"先守后攻"的理财策略。

我和妻子都有比较好的储蓄习惯，首先我要对此做个调整，将家里存在银行的定期存款账户，只留 1 万元作为家庭流动资金，其余一部分存款购买货币基金。

此外，我从每月收入中拿出 1500 元进行基金定投，投入到孩子的教育金账户，品种上选择了较为稳健的平衡型基金。按照年复合收益率 6% 计算，待孩子上大学的时候，大约可以累计 50 多万元的教育金。

我采用了基金组合的投资方式，投资偏股型和偏债型两种的所占比例分别为 60% 和 40%。

家庭收入的两个主力来源仅有社保的保障是不够的，因此我又补充了一定的商业保险，每年拿出一部分资金投入商业保险账户。父母两人的险种我选择了大病、意外等侧重保险的险种；孩子的我选择了一些储蓄型、分红型的险种。这样一来，我的家庭既可以保障人身又可以积累财富。

专家建议

在当前投资高风险时代，对于苏权这样收入低、子女教育花费压力大的中低收入家庭来说，他的教育储蓄方式，具有风险小、收益稳定的特点，是非常可取的。苏权的做法比较成熟，这里只想强调一下教育储蓄的方式及作用，希望低收入家庭能够用这种理财方式，做好教育投资规划。

教育储蓄是一种特殊的零存整取定期存款，小学四年级以上的学生家长均可办理。与其他储蓄方式相比，教育储蓄存期一般分为一年、三年和六年，存期较为灵活，同时利息还享受免税政策。

教育储蓄开户免费，开户时确定的每月最低起存额为 50 元，并按 50 元的整数倍递增，但最高金额不得超过 2 万元。因而，比较适合于收入不高但又有理财愿望的中低收入家庭。如果家长感觉存款期限太长，也可以量力而行办理定期存款约定转存业务，也是一种积累财富的方式。

教育储蓄有积少成多、引导积蓄的特点，同时根据国家规定，教育储蓄虽然是零存整取的储蓄方式，却享受整存整取的利率水平，相比之下的利率优惠幅度很大。为此，家长可根据孩子的教育进程进行规划，确定教育储蓄存款期限和金额，并享受高利率、免利息税的待遇。

婚育规划

孩子是祖国的未来，更是父母的未来。在"再穷不能穷教育"的共识下，怎样才能使有限的资金产生最大的教育投资作用呢？以下方法会对蓝领大有帮助。

第一，确保教育基金

为孩子每月存上 50 元专款专用，定期投入将是最佳选择。在存入这笔钱时，首先可用零存整取的方式，到期后再转入定期。教育储蓄条款规定每个孩子名下可用零存整取方式储存不高于 2 万元的资金，利息免税。

教育费用水涨船高，教育资金应早规划。比如说，从孩子出生的那天开始便每个月拿出一点钱给孩子买上一份大学教育金保险，积少成多，按月交费，如今社会上有不少保险产品集教育储蓄、创业金储蓄、保险保障和分红功能为一体，父母可以从中选择一种既合理又有回报的品种先行投资。

第二，别浪费教育费用

教育费用属于智力投资，几乎包揽了孩子除了吃饭穿衣之外的一切消费项目，买书、买玩具、看电影、上幼儿园、上学交学杂费、留学……可现在有不少家长误以为自己在孩子身上"投资"的教育费用越多，将来孩子的出息也就越大。这实在是教育投资的一大误区，特别是有的家长从孩子入托开始就以孩子能进入名校为荣，不惜投资大笔的"助学费"、"办学费"、"择校费"，实在是把教育消费投资成教育浪费。

第三，改变单一的教育投资方式

民间有一句古话叫"好钢要用在刀刃上"，孩子的教育费用投资其实也是一种"有钱要用在最恰当的地方"的理念。改变单一的教育投资就是改变教育储蓄的做法，将教育投资改为多种渠道投入，就是这一理念的具体体现。

通过多种渠道进行教育投资，一般的做法是，30%存入银行，20%购买教育保险，剩下50%除了供给孩子正常的教育开支外，可购买基金、国债，等等。这样，既确保了教育费用的基本需要，回避了可能发生的通货膨胀所带来的投资风险，又可让有限的教育投资跟着"市场行情"水涨船高，等到孩子长大时，先前的投资即可派上大用场。

夫妻离婚就像企业破产

从财务的角度讲，离婚在某种程度上就是家庭理财中最大的问题，甚至比企业破产更加可怕，因为离婚带来的经济损失、生活质量下降及精神压力是一笔不容忽视的"成本"。

把一个家一分为二涉及很多财产问题，尤其是共同生活时间较长的夫妻，原本家庭共有共用财产的分割会造成"一加一小于二"的结果，财产永远不会越分越多，只会因为分割而在方方面面产生各种损失。事实证明，离婚带来的各种损失，将是夫妻双方最大的破产！

理财案例

姓名：周芳

年龄：27 岁

职业：网吧网管

月薪：4000 元

8 月 30 日，雷阵雨。

这段时间我异常郁闷，离婚后带来的一系列问题让我焦头烂额。

我和前夫都是"80 后"，可以说是典型的时髦小青年。我们的婚姻也很时髦，始于网络。

2005年，我们通过网络认识，第二年就结了婚。2008年，儿子出生，负担重了，逍遥的日子一去不复返。

我们都没什么稳定的工作，干一天是一天，大部分时候处于无业状态，偶尔打打零工，挣个一两千元钱。这么点钱，连自己都养不活，怎么养孩子？儿子断奶后，我们就把孩子扔给了双方父母。两家老人喜欢小孩，轮流抚养。

不用养孩子，压力骤减。我们就继续得过且过。

在没有工作的无聊日子里，他染上了赌瘾，越陷越深。他甚至把父母的房子抵押后用来赌博，赌剩的钱，借给了别人。

我也是每天无所事事，靠着自家爸妈和一点拆迁款过活。

我感到无助、无望，感到未来渺茫，这样的日子让我痛苦不堪……这段婚姻就要走到尽头了。今年8月初，我到南城法院起诉离婚。

孩子的户口挂在我娘家，正好赶上拆迁，有3万元的拆迁款。我想要这笔钱，但我不想养孩子。他倒是无所谓，只是提出，小孩由他养的话，户口就要迁到他家。

我们俩对孩子的问题没有异议。但是，他那笔借给别人的钱现在还扯不清，为此，我们在法庭上争了起来。

我认为他借给别人的那笔钱是在我们在一起生活时支出的，应该属于共同债权，应该有我的一份。可是他却说，这是他父母的房子抵押贷款，跟我无关。为了让我死心，他又拿出一堆借条，气哼哼地说："你说共同债权是共同财产，喏，这些都是我欠别人的，你也一起还吧！"

我说："这些都是你的赌债，你借钱的时候我根本就不知道，跟我一点关系都没有。"

孩子的抚养权已经不是最重要的了。就在我们争论的时候，我们两家父母表明的态度是只要孩子不要钱。一听我们要离婚，两家父母第一个就想到要抢孩子的抚养权。

"孩子我们养，你们家稍微出点抚养费就行。"爷爷奶奶摆出一副"孙子跟我家姓，就得跟我家"的气势。

"我们养，抚养费也不要你们家的！"外公外婆也不甘示弱。

而后，四个老人把我们晾在了一边，吵得不可开交。针对孩子的上学户口问题、医疗问题、抚养费问题等，老人们展开了艰苦的大谈判。

我和他觉得这些老人真是多事，就一声不吭地坐着。

后来，经过法院调解结案：孩子归父亲抚养，我作为母亲每个月给 400 元抚养费。鉴于债权债务问题太过于复杂，法院暂时不作处理。

专家建议

一定要记住：人生观和价值观是婚姻的重要基础，它将决定婚姻生活的质量。在这个故事中，由于周芳和前夫人生观和价值观存在缺失，他们在对待生活，尤其是对待孩子问题上所持的态度，至少应该受到道德上的谴责！至于因其他方面的错误导致离婚而带来的后果，同样是不能小觑的！

很多人在恋爱时总想掩饰自己的缺点，总想把自己美好的一面展现给对方，担心真实的自己不被对方接受。但是要明白，任何人不可能永远戴着"面具"生活，总有一天会呈现出自己的本来面目。因此，最好一开始就以真实面目出现，向对方坦率说出自己的情况和想法，同时希望对方也能如此。如果以这种方式恋爱，可能会少一些浪漫，但却多了很多真实，而这些真实会节约很多成本，包括时间和金钱。婚后夫妻双方也会少了很多指责，比如"你结婚前一直骗我"，等等。

从挽救一段婚姻的角度讲，如果感觉真的过不下去了，就会产生分开

的想法，那么不妨暂时分居一段时间，各自找找感觉，以最大的努力去挽回一个家庭。

在离婚之前，要仔细考虑家庭成员在下面几个方面能否接受，然后再去离婚也不迟。一是离婚后的社会关系、亲戚关系将会瓦解。邻里之间也会另眼相看，这种窘态会在离婚后慢慢表现出来；二是在离婚期间造成的经济损失是无法估量的；三是受最大伤害的并非双方当事人，而是对未成年的孩子造成各种压力，有的厌学、逃学，性格也逐渐偏执过激不合群，更有甚者，迷恋网络游戏整天泡在网吧，有的还会走向极端、走向犯罪；四是个人经济收入因为没有原来的默契一致，也会因此造成个人困境；五是离婚男女有婚史，有孩子，会影响下一段恋情及新家庭的建立。

夫妻在一起过日子就是平平淡淡、吵吵闹闹，不会再像以前谈恋爱时有那么多甜言蜜语和说不尽的情话、道不完的爱意。每一个人从娘胎生下来，由牙牙学语到能走会跑十几年，是一个成长成熟的过程。那么经营好一个家庭，也是需要用几十年去细心呵护的。因此，希望在家庭是否维持迷茫困境中的人，要仔细地、审慎地、周密地考虑婚姻能否继续。

婚育规划

离婚需要支付成本，无论是金钱上的、时间上的，还是精力上的、情绪上的。因此，幸福美满的婚姻成为了财富稳定增长并保住完整果实的基石。只有在婚姻健康的前提下，才能够实现家庭财富的积累。

第一，未雨绸缪未尝不可

对于一些不易举证的婚前财产，如存款、珠宝等，要给予明确，以免日后发生纠纷之后难以厘清。如何对婚前财产明确，有两种方式可以进行处理，一种方式是进行婚前财产公证，另一种方式就是签署婚前财产协议，协议内容不必进行公证，只需双方签字认可。

新婚姻法生效后，规定婚前财产如果要作为"共同财产"，双方必须约定。这就在实际上肯定、明确了婚前个人财产不作为共同财产的处理原则。

第二，家庭经济"AA制"也合理

现在有一些思想很前卫的夫妻，在经济上完全独立分开，除了家庭共同开支由双方共同负担外，其余的财产均由自己支配，其实这种做法也有其合理之处。财产约定归各自所有还有一个很大的作用，就是规避投资风险，也就是说，如果一方投资失败，不会连累整个家庭财务状况。

第三，"亡羊补牢"并不晚

夫妻二人感情走到尽头，另外一方为了达到多分得一些财产的目的，而采取藏匿、转移等不正当手段时，应及时追诉。

在夫妻感情出现不合时，就应该注意财产流向。如果有不当支出或转移、隐匿财产的行为，发现后应及时制止，如果制止不了，应视为夫妻感情破裂之先兆，该起诉的要抓紧起诉，并申请法院对相关财产采取财产保全措施，以避免在离婚中既伤情又伤财。在离婚时，如果出现上述情形，应尽量搜集其相关证据，并及时追诉，请求再次分割夫妻共同财产。

第四，婚前投资份额明晰

婚前同居的现象越来越普遍，因而婚前共同投资的行为也随之增多，最为常见的是共同买房，当然也有共同创业，等等。为了防患于未然，对于婚前的共同投资行为，一定要明确投资份额。

对于共同出资购房情形而言，理智一点的做法是要写明各自出资份额的大小，有些人为了表明爱意，直接将对方的姓名也登记在产权证上。而对于共同创业的情形，也应该拟定与投资份额内容有关的协议，以免在离婚分割财产时说不清、道不明。

第五，找出最合适的家用分配模式

没有哪一种模式可以称为"最佳模式"，因为各有优缺点，也各有不同的适合家庭。有的家庭会因时制宜，不同阶段采取不同的家用分摊模式。

一是一人全权支配模式。这种方式适合互信基础好、信任程度高的夫妻。拿到财务大权的配偶，不仅要有理财能力，更要有无私的精神，不能将全部动产、不动产都登记在自己名下，因为一旦让另一方有"做牛做马"的不好感受，夫妻关系就很难长期维系。

二是高薪者负责所有家用模式。例如先生只给固定家用，不够的部分才由太太的薪水贴补，这种方式比较适合日常开销稳定的家庭。反之，如果太太需要贴补的缺口经常很大，而只给固定家用的先生却有很多余钱来"善待自己"，诸如大手笔添购个人奢侈品的话，太太当然就要跳脚了。

再如高薪的先生负责所有家用，太太赚的薪水可以完全用在自己身上，适用在所得相差很悬殊的家庭。但是要注意的是，如果开销庞大，又没有预先做好保障规划，家庭财务其实潜藏很大的风险。

三是设立共同家用账户模式。由夫妻成立共同账户来支付共同开销，乍看是最符合公平原则，但争执也最多。这就需要做好沟通与交流，防止产生矛盾，危及婚姻稳定。

四是各自负责理财目标模式。比如由先生负责平日开销，太太的薪水专作退休金准备，也就是先生负责达成短中期理财目标，太太负责长期理财目标，夫妻协力、专款专用，这种方式可让家用争执降到最低，但是双方都要有一定的理财能力，才不至于两头落空。

养老篇 蓝领银发族理财有妙招

　　对准备退休或已经退休的蓝领银发族而言，资产配置的最主要目的，并不在追求资产的最大化，而是降低投资的最大风险。稳健为先，建立长期的收益稳定的核心投资组合，是蓝领银发族最重要的功课。同时，保持好心态，养成好习惯，多点兴趣，才可以不断提升晚年生活质量，让金钱为退休者所用，而不是令退休者成为金钱的打工者。

制订和实施退休理财计划

很多人都希望能够辛勤工作，然后到退休年龄时退休或提前退休，开始享受美妙的时光。但是，不管何时退休，关键在于蓝领是否制订合理的退休理财计划并确保实施。

对于正面临退休的蓝领来说，退休生活其实面临着诸多的不安全因素，比如收入的锐减、身体健康和疾病的威胁、对子女的扶助以及寿命的延长等，这些都会让"银发族"的财务状况面临着"入少出多"的尴尬。如果不及早地作出规划和安排，很有可能出现年轻时潇潇洒洒，年老时可怜巴巴的惨淡境地。那将是人们多么不愿意看到的情形。只要蓝领在思想上尽早引起重视，根据自己实际情况制订更为合理的退休理财计划，并在行动上控制消费，坚持稳健投资，安度晚年并非难事。

理财案例

姓名：刘成

年龄：62 岁

职业：退休工人

退休金：2500 元

8 月 30 日，微风。

我叫刘成，今年 62 岁，现在退休在家，享受着美好的晚年生活。回忆起若干年来自己的理财经历，真是感慨万千！

在我 35 岁时，做了某公司部门经理，计划 60 岁退休。当年事业进入顶峰时期，经济状况日渐提升。另外，可能是工作强度太大，那时我就注意到周围同事突然会莫名其妙就生病进了医院，因此我也很担心，一旦自己遇到大病或者意外，就会影响到家庭经济状况，让家人失去高品质的生活。

基于当时这样的考虑，我 35 岁时选择了平安养老年金保险（分红型）3 万元＋附加意外伤害保险，10 万元＋附加意外伤害医疗保险 2 万元。从 55 岁开始，我每年就可以领取 3000 元，每三年递增养老保险金额的 0.6％，保证领取 20 年。88 周岁可领取 30000 元祝寿金。同时享受多重意外、身故保障及分红利益。而拥有这款计划每月只需约 315 元。

由于最初几年复利效应尚未发芽，有人便嘲笑我：“你瞧你每个月为了省那点养老钱，这也不能买，那也不能吃，何必呢？还不如趁着年轻多多消费，别到老了有钱也消费不动了。”我并不为所动，继续坚持着每月定投 315 元的退休计划。

十多年后，我和我的同事都已步入“知天命”的准退休阶段。此时，有的同事在工作中时不时会感觉到四肢乏力，精力不足，这才想到自己已经不再像年轻时那样可以一个劲拼命工作了。很多人都开始担心自己以后的退休生活，似乎口袋里这点钱怎么看都没机会落到养老金账户上。而此时的我，尽管也和同事们一样面临着相似的问题，但此时每月 315 元的养老金投资对我来说已不成负担，并且这时的投资回报率已经相当可观，大大超过了最初建立养老金账户时的回报率。

许多人终于决定向我学习，开始筹备自己的退休金。然而如果此时再开始每月投资的话，那到 60 岁退休时，也只能拿到

很少的养老金，即使此时他们的手头资金非常宽裕，但要追上我近 20 多年的投资额，其最终的投资回报率依然是少得可怜！

这么回头一想，若不是我当初明智地建立了养老金账户，现在的生活哪里还能这么滋润哪！

专家建议

人生就像一次长跑比赛，在漫长的跑道上，刘成在筹备退休金这件事情上并没有中途放弃，而是坚持跑到了退休的终点，最终实现了复利效果的最大化。

为养老作准备，有多种方式可供选择，但由于社会经济环境的变化将会直接影响未来所需准备退休养老金的多少。比如考虑到通货膨胀、物价上涨等因素，所以在准备将来的退休生活费用时，必须以当时而不是现在的生活消费水平为基准。理想的养老应该包括物质供养、生活照料和精神慰藉。为此，养老计划最基本的要求应该是追求本金安全、适度收益、抵御通货膨胀、有一定强制性原则，这就需要将养老计划与其他投资分开。而商业养老保险（比如案例中的"平安养老年金保险"）作为中国养老保障体系的重要补充，是养老规划的一个不错的选择。

个人商业养老保险的优势即可以根据自己的财务能力及对未来预期进行灵活自主规划和选择，所以，购买商业保险成为目前人们规划养老生活最主要的方式。在选择养老保险计划时，应充分考虑目前的收入水平，并结合自己的日常开销、未来生活预期、通货膨胀等因素，作出合理的选择。一般来讲，购买商业养老保险所获得的补充养老金占未来所有养老费用的25%~40%为宜。

在选择商业保险、制订养老计划时，首先要注重保障功能，使自己在退休后依然能够有稳定的收入，这是第一重要的功能；第二是要注重保值，也就是说要看为自己未来规划的养老金是否能满足当时的消费水平；第三是尽早投保，因为虽然养老是 55 岁、60 岁时的事情，但年纪越轻，投保的价格越低，自己的负担也就越轻。

养老策略

安全退休是个人财务底线。对于蓝领退休族而言，想检查一下自己的财务状况是否安全，不妨对照四项要求来对照检查一番：一是减少负债，二是充足的现金流，三是拥有至少一套住宅，四是根据不同用途来做好各项资金分配预案。

那么，到底需要多少财富积累、需要如何规划、需要哪些保障，才能让蓝领的退休生活真正"安全"呢？从现在开始，且让以下法则来设置守住幸福养老的底线。

第一，设定目标

退休养老是人们特别关心的问题，许多人意识到，一边是自身的消费支出在不断上涨（买房、买车、医疗、旅游），一边是通货膨胀持续吞噬着手中货币的购买力，因此二三十年后，蓝领将很有可能面对"难养老"的问题。因此，现在我们要做的是静下心，科学理性地来计算自己退休后究竟需要多少钱养老，以及为了达到这个目标，现在每个月需要拿出多少钱去投资。

第二，积累财富

虽然了解了尽早投资对退休规划的重大意义，但有人还是要问：难道退休金只能全靠自己来投资积累吗？还可以从哪里获得退休金呢？其实，退休金来源渠道不外乎以下几种：

一是社保退休金。尽管我国社保体系尚未完善，但城市职工基本都已被纳入了社会保障体系中。一般来说，退休后也可以享受到国家给予的基本生活保障。

二是养老保险。与自己积累养老金相比，养老保险的好处在于强制储

蓄并同时带有保障功能。强制储蓄可以让养老金储备计划不受外界干扰地长期持续下去，从而让复利威力得以发挥，而保障功能更是其他投资难以替代的。上了年纪后，人们的身体逐渐衰老，疾病逐渐增多，这是谁都无法逃避的现象，此时拥有这样一份保障，等于帮人们省下了很大一笔原本用于医疗的退休金。

三是企业年金。所谓企业年金，是指企业及其职工在依法参加社会基本养老保险的基础上，自愿建立的补充养老保险制度。企业年金可以弥补社保养老的不足，我国政府正在大力推广。目前企业年金呈现出发展不平衡状态，积累超过亿元的行业全部集中在电力、石化、石油、矿产、钢铁和电信等国有垄断行业，民营企业参与热情还不高。不过从长期看，企业年金制度既能吸引并留住员工，同时还有成本优势和税务优惠，将来会受到越来越多的企业的欢迎，也将逐渐成为退休金中的重要一环。

四是房产。许多年轻人为了结婚而被迫成为房奴，虽然做房奴的滋味并不好受，但熬过了这十几二十年，一旦还清房贷，这套房产就将成为养老最重要的保障。房产作为实体资产，具有鲜明的抗通胀和抗风险能力。即使退休后生活出现困难，通过换置房屋、出租房屋和变卖房屋，也能成为退休生活的最后保障。

五是余热收入。许多退休族其实是"退而不休"的，尤其是在60多岁的时候，完全可以通过发挥余热来实现"曲线就业"，从而在一定程度上弥补退休金缺口。

无论是哪种积累财富的方式，都离不开"长期坚持"这一条。作为人们一生中跨时最长的一笔投资，只有越早投资，复利效应才会越突出，财富增值效果才会越显著，退休时也就会越安全，退休生活的主动权也越牢牢在握。何时开始筹备退休金？就从现在起！

第三，力争"无债养老"

尽管适当的负债有利于财务健康，但是对于即将开始养老生活的老人们来说，负债则是安全退休的一个减项，因此要尽可能地降低负债在整体资产中的比例，"零负债"是最为稳妥的选择。只有严格地控制负债，才能够保障基本的安全退休。

其中的道理也很简单。退休是职业生涯的终结，职业收入随之为零。这个时候，就需要倚靠以前各种养老手段的积累，例如所缴纳的社会保险金、个人所积累的养老账户的资金、以前所投保的商业养老保险等，倚靠他们来保证安全的退休生活。可是，如果这个时候用于偿债的支出还要占用养老收入所产生的现金流的话，就很容易影响到退休生活的品质，甚至会影响到退休养老的全盘计划。

第四，借助保险保障

一是医疗保障可借助外力。随着年龄的增长、身体机能的下降，各种各样的疾病也会随之而来。除了在家中备有一定的现金，或在银行存有一些活期存款以备不时之需外，还可以借助商业保险之力。

虽然门急诊医疗险多为单位的团险产品，个人投保者难以购买，但重大疾病保险、住院医疗保险等还是非常方便投保的。投保年龄的上限一般在 50 岁左右，终身型产品可能推迟至 60 周岁。

在医疗费用不断上涨，甚至超过收入水平上升幅度的情况下，选择商业健康保险可以为未来不确定的疾病撑起防护伞。如今的重疾险往往作为返还型寿险产品的附加险，这样，被保险人不幸患病时可以得到保险金，而健健康康的时候又可以多一份生活补贴。

二是长期投资的收益可做旅行补贴。退休给了很多人工作时没有的长假，出门旅行当然必不可少。建立"旅游基金"的方式有很多，靠银行储蓄、靠投资收益等都是可行的，关键是规划退休的蓝领可别忘了提早准备这笔不小的花销，不然老年生活可就少了许多乐趣。

值得提醒的是，老年人在旅行时不能忽视意外保障，投保旅游意外险或老人意外险都是不错的选择。特别是没有寿险、医疗保障的老年人在出

门旅行时，更不能忘记防范风险。

三是积累长寿基金渠道多。寿命的延长固然可喜，但花销的增加却让人担忧。我国人口的平均寿命已经接近中等发达国家水平，80岁以上老人的数量不断增加。这意味着人们退休后所面临的是二三十年甚至更长的漫长岁月。

其实，对养老资金有太多忧心并不必要，毕竟可供选择的积累方式有很多。除了银行存款复利生息、房地产保值增值以外，还可以购买具有返还性质的保险险种，比如分红形式的两全保险、养老金保险或万能险等，比如40岁开始投入的保费积累20年后，就可以得到每月800元的返还直到终身。这类产品的特点是越早投保、缴费期限越长，同样保额所要缴纳的每期保费就越低。所以，及早投保可以降低资金压力。

不过，由于具有返还功能，这类产品的保费会比同样保额的消费型产品高出不少，且年保费下限一般设在1000至1万元不等，这就对年轻时的收入有了要求。如果早期投入越多，未来的回报也就越高，自然缴费时的压力也就越大。

因此，蓝领在投保这类产品之前，先安排好诸如健康险、意外险等保险产品，毕竟对家庭经济产生影响最为直接的还是疾病、意外导致的身故或大笔的医疗费用，安全退休离不开这些定心丸。

根据收入制订养老规划

养老金是未来的"养命钱"，因此养老金的准备应该选择一种既安全稳妥，又可以抵御通胀的方式。

对蓝领阶层来说，每月的收入除去日常的生活开支、房屋按揭贷款还款、子女教育费等，余下来可供自由支配的可能并不多。但是即便如此，蓝领阶层也要根据自己的收入情况制订养老规划，通过社会养老保险、商业养老保险及其他投资收益等形式，来为自己谋求一个幸福的晚年。

理财案例

姓名：林泉

年龄：56 岁

职业：管道维修工

月薪：5000 元

9 月 28 日，晴。

我们夫妻俩都已年过五旬，马上面临退休后颐养天年的生活。我们的儿子小林今年 24 岁，大学毕业后工作刚两年，工作比较稳定。小林与女朋友也谈了一年多的恋爱，打算 3 年后买房结婚。

我在郊区有一套 100 平方米的房子，市值约为 60 万元，已还清贷款。银行存款 20 万元，国债 5 万元，基金 5 万元。我们老两口都有社会养老保险，没有购买其他的商业保险。

我目前每月收入 5000 元，妻子为 3000 元，年终奖金分别为1 万元和 5000 元。退休后我们夫妻俩每月的收入大约为 3000 元和 2000 元。儿子每月收入为 4000 元，拿出 1000 作为生活费交给他妈妈，其余的用于自己的开支和积蓄。我们家每月开支约为5000 元。

综合来看，我的家庭资产量还算可以。我想提早安排好自己和妻子的退休生活，为她买一份商业养老保险，又想为儿子结婚、买房准备一部分费用。这是我的愿望和目标。

专家建议

林泉是个要强的人，也初步具备理财策略。但根据他的情况，建议林泉作如下理财安排：

一是增加保障额度。资产安全保障方面，建议林泉夫妻按照家庭保险双十定律来安排，尽量以纯消费型保险为主。因为返还型保险表面上看虽然具有保障和储蓄的双重功能，但保额和收益却相对较低。获取相同的保额，购买纯消费型保险的保费要少得多。另外，返还型保险资金的投资风格偏保守，投资效率偏低。建议林泉夫妻把保额适当增加，这样每年的保费开支固定在可接受的范围。

二是预留家庭备用金。一旦资产安全保障做足，林泉夫妻的家庭资产中就不需要预留那么多的存款。一般情况下，家庭备用金为 3 至 6 个月的家庭收入。林泉夫妻的日常开支有序可控，未来潜在开支也相对可预计，因而预留 3 万元备用金应该能满足家庭中的急用，备用金建议通过货币市场基金来储存。

三是合理配置资产。提升家庭财富增值率，实现资产稳健增值，是林泉家庭资产安排中的重点。从林泉夫妻的理财目标来看，儿子结婚是一项中短期目标，夫妻二人的养老是一项中长期目标。这两个目标都带有一定的强迫性，即同属于必须达到的理财目标。资产组合中的核心理财工具应以稳健类产品为主，非核心资产可考虑相对风险和流动性较好的产品。

养老策略

一般而言，中低收入的蓝领家庭，可主要依靠社会养老保险养老，商业养老保险作为补充。

由于养老保险缴费期限不同，保费差别会很大，所以，投保养老险要事先做好规划，选好缴费期限。以下原则可供参考。

养老险缴纳期限越短，缴纳的保费总额越少。因此，在手头有余钱的情况下，缩短缴费期限是较为经济的。目前很多公司的养老险除了一次趸缴外，还提供三年缴、五年缴等短期缴费方式。

对于财力有限的蓝领，就可以选择适合自己的期缴。寿险公司代理人说，期缴类似于定期储蓄，在同等保障情况下，缴纳期限越长，每年缴纳的保费数额越少。

此外，对于工作强度较大的蓝领来说，最好选择可以附加健康险、意外险的"一揽子"养老险方案。

在购买养老保险时，要考虑四个因素，即投保年龄、家庭收支、家族寿命、通货膨胀。

通常，养老规划制订得早，负担相对较轻。如果家族有长寿史，可考虑领取时间比较长的终身养老险，如果家族无长寿史，可能会"亏本"，就选定期养老险。

如果考虑抵御通货膨胀因素，则应选择有增值功能的养老险。总之，各类养老保险各有所长，也各有所短，购买时可考虑相互组合，取长补短。

银发族理财要以守为主

老年人理财应以确保家庭财产安全为前提，以"守财"为主，采取相对保守的投资策略，否则，生活就可能会因为风险而变得了无乐趣。

银发族比年轻人更容易受到意外伤害和疾病的侵袭，随时都可能遇到需要用钱的情况。因此，银发族要把钱放在容易变现的理财工具上，需要使用时可随时支取，现金储蓄或高流动性的产品比较适合。如果是子女为父辈们的养老金开源做打算，也尽可能将本金放在稳健的篮子里。而股市等激进的高风险高收益渠道，更适合年轻人，不大适合银发族，因为一旦本金大幅缩水，会严重影响银发族的养老生活和身心健康。

理财案例

姓名：郑敏

年龄：60 岁

职业：退休工人

退休金：3500 元

10 月 15 日，晴。

上班的时候，我就喜欢理财，如今退了休，退休金有 3500 元，更是把理财当做安度晚年的一件乐事来做。我热衷于理财，缘于父亲讲过的一个故事。父亲在世时，为了教育我学会过日子，常常对我讲：从前有一个巧媳妇，很会过日子，每次做粥，总要留把米，渐渐地，她家就发了财。从这个故事里，我受到了启示：学会勤俭过日子，日子才能过得好。于是，月月领下工资来，无论是多是少，我都要攒一点，决不把它花光。花光了，就成了"月光族"。

钱是攒了一些，但是在退休以后深感生活太枯燥了。2007年，在不知基金是什么的情况下，不经意地第一次与基金接触，意在消磨时间，把它作为增加退休后的一种生活方式而已，根本没有投资理财的概念。

我申购了一只基金后，就"刀枪入库，马放南山"，很少理它。但庆幸的是，这只基金一直艳阳高照，翻红上扬，心里的高兴劲儿就甭提了，首次尝到了持有基金的成就感。

第一次赚钱的诱惑力，犹如无形的天梯支撑着我奋勇攀登，滋生了增长财富的理财念头。我又申购两只QDII基金，也一路火红，真有翻番增倍的趋势。老伴用"炒股莫贪，见好就收"的宝典劝我适时赎回，我却反驳她"目光短浅"。在牛气冲天的行情中，想不赚钱都是一件很困难的事了。

瞬息万变的股市牵动着我的神经，基金像小娃娃的脸，哭笑无常，阴晴难料。三只亏损的基金像三条绳索，绑套在身上。特别是QDII两只"鸡"，申购时尾巴翘上了天，还是按投资比例配售的，如今不但没有"下蛋"，反而坠入深渊，亏损达30%以上。幸好理财客户经理劝我及时清仓，才侥幸逃脱。从此我陷入痛苦，使我武断地制定了一个家规，家里的所有人都不能说"被套"二字，连床上用的"被套"也要改口叫"被子"。

冷静回想第一次接触基金的喜悦与沮丧，都源于没有一个收益与风险并存的平常心态。后来，多家券商都说有跨年度行情，

结果盼来的是跨年度调整。

市场起伏不定，给我带来不少启示：要明确理财目标和投资组合与时间范围去"养鸡"，主动理财，才能把投资成本最小化。我深深感悟到，基金虽然有着长期投资的价值，重在中长期持有，但并不是买入后就高高挂起，长期不动，也不是简单地依赖专业公司代劳操作。享誉世界的著名投资高手巴菲特有句名言："投资第一要不亏损，第二要不亏损，第三还是要不亏损"。投资基金需要审视基金投资能力变化与市场变化，适时进行调整，才会有所收益。

回顾几年来大起大落的资本市场，我一个退休老人，在第一次与投资理财亲密接触中，接受了市场震荡的洗礼，不仅充实了我的退休生活，也学到了一些投资理财的本领，品味了人生，陶冶了性情，为我的人生故事增添了一笔浓浓色彩。

专家建议

郑敏投资进财的心态很好。但需要强调的是，银发族的任何投资行为都要优先考虑投资安全，防范风险，以稳妥收益为主。

一般地讲，投资收益大的其风险也大。退休老人积攒几个钱实在很不容易，而当前吃、穿、住、行、医等的开支也较大，很难经受住投资上的大额亏损。所以要特别注意投资的安全性，切不可思富心切乱投资。绝大多数的老年家庭应主要投资于存款、国债、货币型基金、银行理财产品等低风险品种，切忌好高骛远。

当然，在身体条件较好、经济较宽裕，并具有一定金融投资理财知识和心理承受能力的前提下，退休老人，如故事中的郑敏，也不妨适度进行买卖股票等投资，但切不可把急用钱用于风险投资。这主要包括，家庭日常生活开支、借来的钱、医疗费、购房款、子女婚嫁必需用款等的必要费用开销。

另外，退休老人不宜过多地进行刺激、变化的多元投资活动，少许的风险投资以多参加一些社会经济活动，并有益于增进身心健康为主要目的。

养老策略

银发族退休后需要有长期稳定的收入渠道，才能有安全感，不会感觉坐吃山空。退休工资、养老年金、不动产的长期租金收益，都会给银发族带来保障。而做好医疗保险、意外保险和现金储备，才能预防生活中突然发生的意外，在经济上也能从容应对。因此，银发族理财需要把握稳健、灵活、有保障等原则。

第一，手头留足"活钱"

保留一定的活期存款，留足六个月左右的应急准备金，以应付日常不备之需。另外，可以考虑投资银行的一些风险较低的理财产品，例如一些投资债券市场、政府建设项目的信托理财计划等，以在稳健的基础上提高收益率。但目前市场上该类产品都不能中途退出，因此要尽量购买不同期限的产品，以保持资产的流动性，不至于在需要用钱的时候遇到无钱可取的"困境"。

第二，完善保障体系

在保障方面，除了非常重要的社保外，适当的商业保险补充也是必要的。但往往60岁左右的年龄在市场上已经很难买到价格理想的保险品种。不过一些意外保险仍是可以选择的，也是必不可少的。

第三，慎入资本市场

在资本市场投资对于"银发族"来说，风险较大，如果有投资经验，可以选择一些例如保本基金或证券集合理财产品来变相投资股票市场，相对于自己投资股票市场，这些产品要相对安全，但这部分资产配置比例不应超过20%。同时，建议"银发族"短期内不要参与创业板投资，毕竟创业板风险较主板市场要更高。

第四，适当消费，提高生活品质

银发族往往有着众多老一辈的优良传统，生活节俭，消费支出不多。建议在身体允许的情况下，多参加一些业余活动，可以参加老年大学，培养一些兴趣爱好。非节假日的许多旅游线路都非常优惠，可以安排每年定期结伴出去旅游，散散心，辛苦了一辈子，也该是享受的时候了。

退休后因为收入减少，一些银发族为了节省开支，节衣缩食过日子，但其实理财不是简单的省钱、存钱生息。银发族可适当削减应酬、交通、服装等费用，给予子女购房等援助也要适可而止，避免养命钱大幅缩水，而"缩食"则断不可取，它会影响银发族身心健康，导致增加医疗费用支出而得不偿失。

第五，谨记理财十诫

一是切莫轻信他人。老年人通常一方面"耳根子比较软"，一方面对现在社会上的新鲜事物不是特别了解，因此一旦碰上类似"高科技"、"新潮流"的东西，特别容易被骗。

二是莫贪图高利。世上没有免费的午餐，也没有只赢不输的投资。如果太贪心，很容易遭受损失。因此，老年人在私人借贷、个人投资等方面，一定要特别提醒自己，不要追求过高的收益，免得翻船。

三是不要盲目为他人担保。有些老年人常碍于面子为他人提供经济担保，把储蓄存单、债券等有价证券抵押给银行办理贷款业务。殊不知，一旦签了字，有价证券作为了担保物，一旦贷款到期后，借款人无力偿还贷款，银行就会依法冻结担保人的有价证券用于收回债权，这样损失就不止一点点了。因此，不要轻易给别人签署各类文件、报告，也不要把自己的金融资产凭据、有价证券等借给别人使用，无论那人是什么用途。

四是别太多涉足高风险投资。老年人因机体衰老，心理承受能力和应变能力都较差，因此最好不要选择风险性高的投资方式，如期货、外汇买卖、股票，等等。如果心理承受力较强，心情不容易受到外界影响，则可以参与一部分的风险投资，但比例不宜过高。

五是保险不宜买太多。老年人买保险往往出现两个极端，要么一点也不买，听到保险两个字就难受；要么很容易听信保险代理人的话，经常不切实际地买一些保险。这两种方式都是不对的。保险的目的归根到底是将自身的风险转嫁给保险公司。因此，在购买保险时，应充分认识自己或家庭的最大风险是什么。老年人也应当如此考量。要买保险就要有效投保，保费花在刀刃上。

六是投资不要过于单一。有些老年人一听到某理财产品预期收益率高，便一哄而上把所有的钱都投入购买，遇到市场变化，如股市不好，则马上全部撤离。于是总有人在问，现在有什么可投资的？建议在做理财规划时，要根据自身的风险偏好、风险承受能力、年龄、收入、家庭等情况，兼顾收益与风险来构建一个高效的投资组合，以此获得稳定的收益。

七是理财规划不可缺。退休之前，当然要做好理财规划。但退休之后，如果有一套比较合理的理财计划，就会帮助老年人更合理地应付老年生活的各类开销，从而有一个财务上更轻松的夕阳时光。

八是避免无计划消费。进入老年后，老年人的支出会有很大变化，应及时进行合理调整。但不要在消费方面因小失大，例如不舍得买水果、蔬菜等食物，这样造成营养不良，反而增加医药费支出，得不偿失。

九是切忌押上毕生积蓄投资。老年人可以把基金、股票、债券等理财工具作为理财"菜篮子"中的一员，切忌押上毕生积蓄只投资于一类产品。中老年人必须准备好养老钱，在资金还有富余的情况下再适当积极投资，一来有更好获利的希望，二来也可以体验退休后快乐健康、积极向上的生活方式。

十是莫忌讳立遗嘱。很多老年人忌讳在生前，特别是在身体健康、神志清醒的时候立遗嘱，有点怕不是个好兆头。其实，别以为立遗嘱有什么晦气，实际上，在退休规划的过程中，用心立一份合理的遗嘱，对本人和家人都是一件好事，可以避免百年之后不必要的纷争。有时候，对于寂寞生活的老年人而言，说不一定也是个帮助继承人顺利得到遗产的一个好办法。